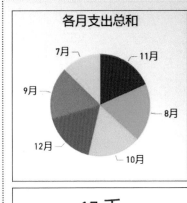

各月支出总和

7月 11月 9月 8月 12月 10月

17 千
支出总和

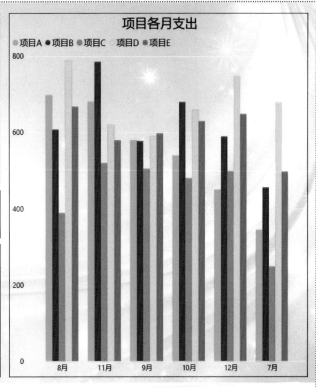

项目各月支出

● 项目A ● 项目B ● 项目C 项目D ● 项目E

月份	项目A	项目B	项目D	项目C	项目E
8月	698	608	789	389	668
12月	450	590	748	498	649
7月	345	456	679	248	498
10月	540	680	660	480	630
11月	680	786	620	520	580
9月	580	578	590	505	598
总计	3293	3698	4086	2640	3623

图 5-97

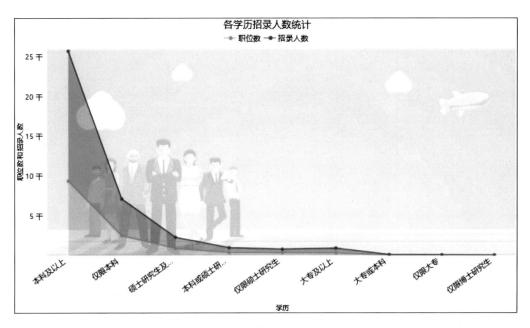

图 6-8

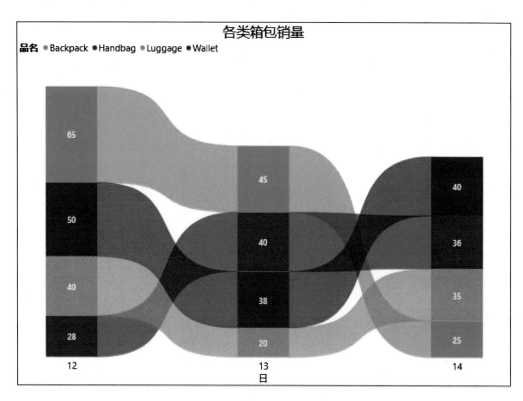

图 6-12

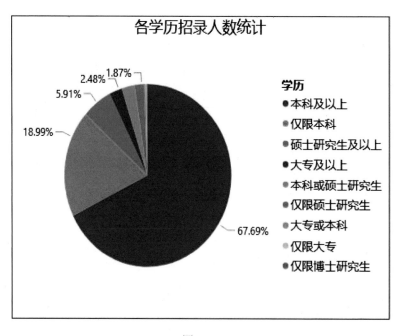

图 6-18

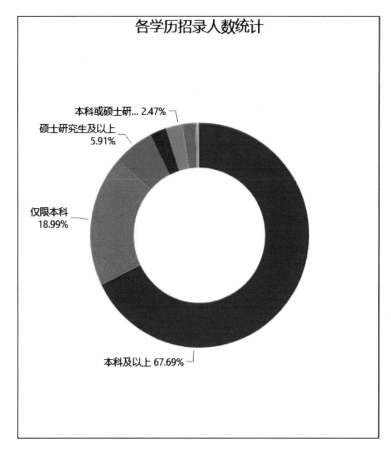

图 6-21

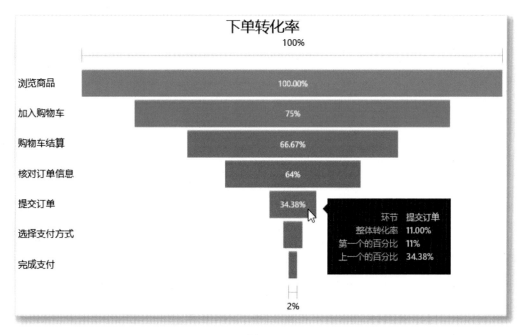

图 6-49

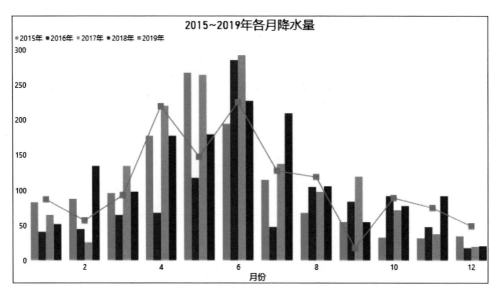

图 6-123

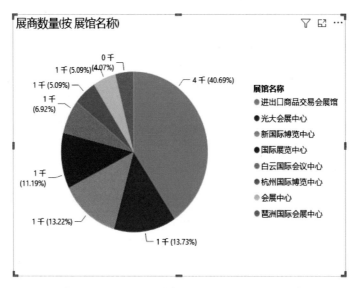

图 7-1

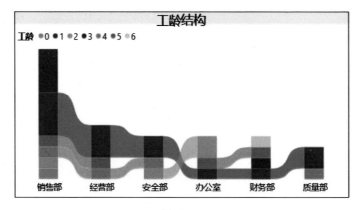

图 10-79

人人都是数据分析师系列

Power BI
数据挖掘与
可视化分析

裴丽丽 / 编著

人民邮电出版社

北 京

图书在版编目（CIP）数据

Power BI数据挖掘与可视化分析 / 裴丽丽编著. --
北京：人民邮电出版社，2023.2
（人人都是数据分析师系列）
ISBN 978-7-115-60184-1

Ⅰ. ①P… Ⅱ. ①裴… Ⅲ. ①可视化软件－数据分析
Ⅳ. ①TP317.3

中国版本图书馆CIP数据核字(2022)第186660号

内 容 提 要

本书结合具体实例由浅入深、从易到难地讲述了 Power BI 数据挖掘与数据分析知识的精髓。本书按知识结构分为 10 章，讲解了初识 Power BI、获取数据、数据基础操作、数据分析模型、创建报表、制作可视化图表、数据可视化分析、应收账款报表分析案例、空气质量数据分析案例、考勤与薪酬分析案例等知识。配套资源包括书中案例源文件，以及用于演示所有案例操作过程和讲解基础知识点的多媒体视频。

本书适合对数据分析与可视化感兴趣的读者阅读，可作为自学或教学的参考用书。

◆ 编　著　裴丽丽
　　责任编辑　胡俊英
　　责任印制　王　郁　焦志炜

◆ 人民邮电出版社出版发行　　北京市丰台区成寿寺路 11 号
　　邮编　100164　　电子邮件　315@ptpress.com.cn
　　网址　https://www.ptpress.com.cn
　　北京七彩京通数码快印有限公司印刷

◆ 开本：787×1092　1/16　　　彩插：2
　　印张：16.25　　　　　　　　2023 年 2 月第 1 版
　　字数：401 千字　　　　　　2025 年 3 月北京第 9 次印刷

定价：79.80 元

读者服务热线：(010)81055410　印装质量热线：(010)81055316
反盗版热线：(010)81055315

前　　言

Power BI 是 Microsoft 公司推出的一套智能商业数据分析软件，可以连接来自不同系统的上百个数据源，对数据进行提取、清理、整合、汇总、分析，并能根据需要改变条件，即时生成美观的统计报表进行发布，帮助企业做出有效的预测和明智的决策。

一、本书特色

本书具有以下五大特色。

● 针对性强

编者根据自己多年在数据分析领域的工作经验和教学经验，针对初级用户学习 Power BI 的难点和疑点，由浅入深、全面细致地讲解了 Power BI 在数据挖掘与可视化分析应用领域的各种功能和使用方法。

● 案例专业

本书有很多案例本身就是数据挖掘与可视化分析的项目案例，经过编者精心提炼和改编，不仅能保证读者学好知识点，更重要的是能帮助读者掌握实际的操作技能。

● 提升技能

本书从全面提升 Power BI 数据挖掘与可视化分析操作能力的角度出发，结合大量案例讲解如何利用 Power BI 进行数据挖掘与可视化分析，真正让读者懂得如何进行数据挖掘并能够独立地完成各种数据分析任务。

● 内容全面

本书在有限的篇幅内讲解了 Power BI 的全部常用功能，内容涵盖了初识 Power BI、获取数据、数据基础操作、数据分析模型、创建报表、制作可视化图表、数据可视化分析等。读者通过学习本书，可以较为全面地掌握 Power BI 的相关知识。本书不仅有透彻的讲解，还有丰富的案例，通过这些案例的演练，能够帮助读者找到一条学习 Power BI 的捷径。

● 知行合一

本书结合大量的案例详细讲解了 Power BI 的知识要点，让读者在学习案例的过程中潜移默化地掌握 Power BI 软件操作技巧，同时培养读者数据挖掘与可视化分析的实践能力。

二、内容概要

第 1 章介绍 Power BI，主要讲解 Power BI 的基本功能和工作界面。

第 2 章介绍获取数据的方法，主要讲解直接输入数据和连接数据源两种方法。

第 3 章介绍数据基础操作，主要讲解数据查询、数据规范化和数据行列编辑。

第 4 章介绍数据分析模型，主要讲解数据管理、数据关系管理和数据分析表达式。

第 5 章介绍创建报表，主要讲解报表基本操作、视觉对象基本操作、完善报表和格式化报表。

第 6 章介绍制作可视化图表，主要讲解各种常用视觉对象图表的制作方法。

第 7 章介绍数据可视化分析，主要讲解筛选器使用方法、数据钻取方法、数据分组方法和添加报表工具提示方法。

第 8～10 章分别介绍应收账款报表分析、空气质量数据分析和考勤与薪酬分析 3 个大型综合案例。

三、配套资源使用说明

除传统的书面讲解外，本书还配套了多媒体学习电子资料，包含和全书案例配套的源文件素材，以及与图书内容配套的讲解视频（第 2～10 章）。为了方便读者的学习，编者亲自对动画进行了配音讲解。读者可使用微信扫描正文中的二维码，观看视频讲解。

此外，由于本书为单色图书，读者可从异步社区网站下载与书配套的彩图文件，以便大家更直观地阅读相关内容，了解具体的案例效果并进行独立操作。

书中案例和基础知识视频及源文件可通过异步社区网站下载，也可以加入 QQ 群 776854565 联系索取。

四、本书服务

1．安装软件的获取

按照本书上的案例进行操作练习，以及使用 Power BI 进行数据挖掘与可视化分析练习时，需要事先在计算机上安装相应的软件。读者可访问微软公司官方网站下载试用版，或到当地经销商处购买正版软件。

2．关于本书的技术问题或有关本书信息的发布

读者如遇到有关本书的技术问题，可以加入 QQ 群 776854565 留言，我们将尽快回复。

五、本书编写人员

本书主要由唐山工业职业技术学院的裴丽丽副教授编写。解江坤、杨雪静为本书的出版提供了大量的帮助，在此一并表示感谢。

由于时间仓促，加上编者水平有限，书中不足之处在所难免，望广大读者发送邮件到 2243765248@qq.com 批评指正，编者将不胜感激。也可以加入 QQ 群 776854565 交流讨论。

编　者
2022 年 6 月

目　　录

第1章　初识 Power BI

随着网络技术的飞速发展，人们日常生活产生的各种数据也呈爆发式增长态势。如何在这些庞杂的数据中找到需要的信息以辅助决策是各行业都面临的问题。这就需要利用计算机对数据进行挖掘与分析，商业智能（Business Intelligence，BI）由此应运而生。

1.1　Power BI 概述

BI 泛指针对大数据的解决方案。Power BI 是 Microsoft 公司推出的一套智能商业数据分析软件，可以连接来自不同系统的上百个数据源，对数据进行提取、清理、整合、汇总、分析，并能根据需要改变条件，即时生成美观的统计报表进行发布，帮助企业做出有效的预测和明智的决策。

1.1.1　Power BI 功能简介

Power BI 作为一款可视化的商业数据分析工具，能帮助用户高效地完成数据挖掘与分析，其主要功能简要介绍如下。

1. 可连接多种不同类型的数据

Power BI 可连接几乎所有类型的数据，包括 Excel 文件、文本（CSV）文件、XML 文件、Access 数据、SQL Server 数据、Oracle 数据、MySQL 数据、Sybase 数据、Web 数据、IBM Netezza 数据等。

2. 数据管理与建模

利用 Power BI 可轻松对从数据源加载的数据进行规范化处理，更改数据类型、对行列数据进行操作、合并多个源的数据。

3. 创建效果炫酷的视觉对象

视觉对象也称为可视化效果，在 Power BI 中泛指图表、图形、地图或其他可直观呈现数据的报表元素。Power BI 预置了种类全面的可视化效果库，用户只需要几步简单的操作，就可创建精美、专业的视觉对象。

4. 创建专业报表

在 Power BI 中，报表的概念类似于 Excel 中的工作簿，也就是说，一个报表可以包含多个页面，每个页面又可包含数量不一的视觉对象。

5. 共享与协作

通过登录 Power BI 服务，用户可将制作的报表发布到工作区或其他位置，从而实现团队共享与协作。

1.1.2　Power BI 产品家族

针对不同应用场景和用户角色，Microsoft 提供了一系列 Power BI 产品。

1．Power BI Desktop

该产品称为 Power BI 桌面应用程序，为免费版，主要用于个人建立数据模型和报表。

2．Power BI Pro

该产品可称为网络版的 Power BI Desktop，是基于用户的服务。除了拥有 Power BI Desktop 的所有功能外，还支持对等共享、企业分发、嵌入 API 和控件、团队协作、访问 Power BI 应用、电子邮件订阅、在 Excel 中分析等功能。

3．Power BI Premium

该产品是基于为企业提供 Power BI 体验的一种服务，对应的服务资源称为专有容量。企业获得容量许可后，不需要向每个企业用户授予许可，即可在整个企业内发布、访问报表。根据需要，还可以扩大专有容量的规模并提高性能。

4．Power BI Mobile

该产品用于在 iOS 和 Android 等移动设备上实时访问 Power BI 报表和仪表板。

5．Power BI Embedded

该产品是一组便于开发人员在自己的应用中嵌入 Power BI 报表和仪表板的 API。

6．Power BI 报表服务器

该产品是一个在防火墙内部提供管理报表和 KPI 的本地服务器，企业用户可通过 Web 浏览器、移动设备或电子邮件查看服务器中的报表和 KPI。

7．Power BI 服务

该产品是软件即服务（SaaS），通过该产品可与其他人共享报表。

本书选取 Power BI 的 Windows 桌面应用程序（Power BI Desktop），介绍数据分析和可视化的方法。

1.1.3　Power BI 主要工具及功能

Power BI 整合了一系列工具，最主要的 3 个是 Power Query、Power Pivot 和 Power BI Desktop。其中，Power Query 和 Power Pivot 基于 Excel、Power BI Desktop 则独立存在。

Power Query 是自 Excel 2010 开始添加的一个插件，用于获取文件、文件夹、数据库、网页等多种数据源并进行处理，而且能保存处理步骤，不需重复操作也能处理后期更新的数据，在很大程度上弥补了 Excel 处理数据源繁多且数据量庞大的不足。

提示：Excel 2010 和 Excel 2013 需到 Microsoft 官网下载安装 Power Query 插件，Excel 2016
　　　及更新版本则将该插件功能嵌入了"数据"选项卡，可以直接使用。

Power Pivot 是 Microsoft 自 Excel 2013 开始，继 Power Query 之后内置的一个数据处理插件，可以利用 Power Query 处理好的数据或其他数据建立分析模型。

Power BI Desktop 是 Power BI 产品家族的一员，整合了 Power Query 和 Power Pivot 的功能，但并不是对这两个插件的简单集成。Power BI Desktop 功能更加强大，既可以处理数据、建立模型，还可以对数据进行动态图表展现，建立复杂的报表体系；操作却更加简单，只需要使用现成的功能就可轻松完成，而且效果更加专业。

1.2　Power BI Desktop 工作界面

在 Microsoft 官网下载 Power BI Desktop 安装包并安装，然后双击桌面上生成的快捷方式图标，即可启动 Power BI Desktop。

1.2.1 欢迎界面

在桌面上双击 Power BI Desktop 的快捷图标，启动 Power BI Desktop 后，弹出图 1-1 所示的欢迎界面。

图 1-1　欢迎界面

在欢迎界面中可获取数据、查看最近使用的数据源或打开的报表、浏览学习论坛和教学课程。

提示：在未登录账户的情况下，Power BI Desktop 的某些功能或命令不会显示。如果要全面地认识 Power BI Desktop 的操作主界面，建议注册账户并登录。

在欢迎界面单击"开始使用"按钮，关闭欢迎界面，弹出电子邮件地址输入界面，如图 1-2 所示。

图 1-2　电子邮件地址输入界面

输入电子邮件账户，单击"继续"按钮登录后，可以使用 Power BI 服务访问组织内容、协同工作，以提升性能。

如果仅希望使用 Power BI Desktop 制作个人报表，不想登录，可以在电子邮件地址输入界面单击"取消"按钮关闭该界面。

单击欢迎界面右上角的"关闭"按钮可关闭欢迎界面。

1.2.2 操作主界面

登录账户或关闭欢迎界面后，显示操作主界面，如图 1-3 所示。

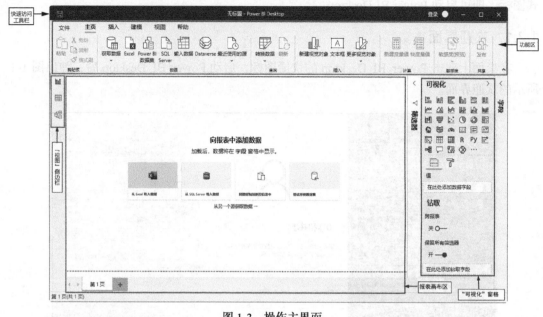

图 1-3 操作主界面

提示: Power BI 升级频率较高, 每月都有更新。不同时期的软件界面可能略有差别, 但总
体框架和功能基本一致。

1.2.3 快速访问工具栏

快速访问工具栏位于操作界面左上角, 标题栏左侧, 集中显示最常用的命令按钮, 例
如 "保存" "撤销" 和 "恢复"。

1.2.4 功能区

功能区位于标题栏下方, 以选项卡和组的形式分类组织功能按钮, 便于用户快速找到
所需要的功能命令, 如图 1-4 所示。当前选项卡 (主页) 下方显示栏线, 且字体加粗显示。

图 1-4 功能区

单击功能区右下角的折叠按钮 ∧, 可以隐藏功能组的名称, 如图 1-5 所示。

图 1-5 隐藏功能组的名称

1.2.5 "视图" 侧边栏

"视图" 侧边栏位于功能区下方, 界面左侧, 自上而下排列了 3 个用于切换视图的功能
按钮, 如图 1-6 所示。当前选中图标左侧显示栏线。

- 报表视图：Power BI Desktop 的默认视图，用于查看、使用数据生成视觉对象设计报表。可很方便地移动视觉对象并进行复制、粘贴、合并等操作。
- 数据视图：用于查看、编辑数据模型中的数据，显示的数据是其加载到模型中的样子。在需要创建度量值和计算列、识别数据类型时非常方便。
- 关系视图：以图形方式管理数据模型中表之间的关系，对于包含许多表且关系复杂的模型尤为有用。

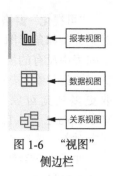

图 1-6 "视图"侧边栏

1.2.6 报表画布区

报表画布区如图 1-7 所示，上部区域是报表画布，是创建和排列视觉对象的区域，启动时默认显示获取数据的向导图，方便用户在报表中添加数据；下部区域是页面选项卡，以便在同一报表的不同页面之间进行切换。

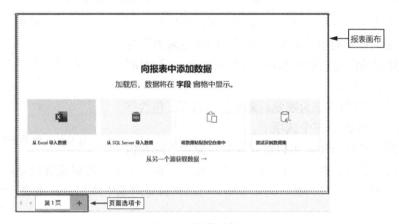

图 1-7 报表画布区

1.2.7 "可视化"窗格

"可视化"窗格在报表视图模式下默认显示，如图 1-8 所示。单击窗格右上角的"显示/隐藏窗格"按钮 ，可以切换窗格的显示状态。

图 1-8 "可视化"窗格

"可视化"窗格上部显示各种常用于在报表中创建的视觉对象，例如条形图、饼图、漏斗图、着色地图等。如果要创建列表中没有的视觉对象，单击视觉对象列表最后的"获取更多视觉对象"按钮…，在图 1-9 所示的下拉菜单中选择"获取更多视觉对象"命令，即可登录 Power BI 服务，从 Marketplace 导入自定义视觉对象。如果某个文件中有需要的视觉对象，选择"从文件导入视觉对象"命令。

如果要删除列表中的自定义视觉对象，在如图 1-9 所示的菜单中选择"删除视觉对象"命令，在弹出的对话框中选择要删除的视觉对象，然后单击"删除"按钮。

图 1-9　"获取更多视觉对象"下拉菜单

注意：删除从 AppSource 或文件导入的视觉对象时，将删除当前报表中该视觉对象的所有实例。如果删除的视觉对象没有固定到"可视化"窗格，那么以后要重新使用该视觉对象时，必须重新导入。

如果导入的视觉对象较多，为便于选择，可以取消固定某些不常用的视觉对象。在要取消固定的视觉对象图标上右击，从弹出的快捷菜单中选择"取消固定此视觉对象"命令，如图 1-10 所示。

"可视化"窗格的下部为视觉对象的格式选项，包含字段▤、格式▥、分析◉三个选项卡。

图 1-10　取消固定视觉对象

在"字段"选项卡中，可以设置视觉对象用于轴和值的字段，以及筛选器，如图 1-11 所示；在"格式"选项卡中，可以设置视觉对象的外观样式，如图 1-12 所示；在"分析"选项卡中，可以在视觉对象中添加分析曲线，并设置样式，如图 1-13 所示。

图 1-11　"字段"选项卡

图 1-12　"格式"选项卡

图 1-13　"分析"选项卡

1.2.8　"字段"窗格

"字段"窗格在报表视图模式下默认隐藏，单击窗格顶部的"显示/隐藏窗格"按钮‹，即可展开"字段"窗格，如图 1-14 所示。

"字段"窗格显示当前报表已获取的数据表及表中的字段。
选中字段名称左侧的复选框，可将字段添加到视觉对象中，反
之从视觉对象中删除指定字段。

如果字段名称前面有符号 Σ（例如图 1-14 中的"单价"和
"订单数量"），表示该字段为聚合字段，可执行计数、求和或求
平均值等聚类分析。

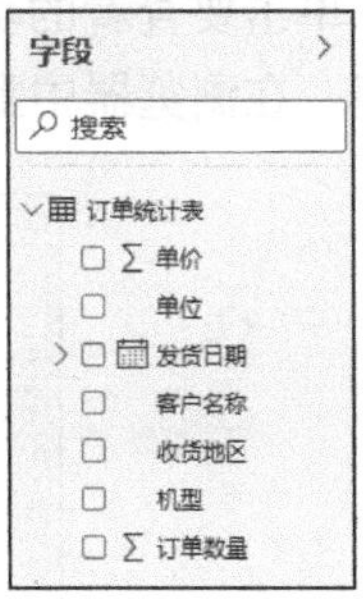

1.2.9 　"筛选器"窗格

图 1-14 　"字段"窗格

"筛选器"窗格在报表视图模式下也默认隐藏，单击窗格顶部的"显示/隐藏窗格"按
钮 ⟨，即可展开"筛选器"窗格，如图 1-15 所示。

"筛选器"窗格用于在报表的视觉对象中显示特定的数据并排序，可设置视觉级、页面
级、报表级筛选器。将鼠标指针移到要设置筛选条件的筛选器上，显示"展开或折叠筛选
器卡"按钮 ⌄。单击该按钮，即可展开筛选器，如图 1-16 所示。选中要显示的值左侧的
复选框，报表画布中的视觉对象将随之发生变化，仅显示指定的值。

图 1-15 　"筛选器"窗格

图 1-16 　设置筛选类型

1.3 　使用 Power BI Desktop 文档

为方便用户快速掌握 Power BI Desktop 的操作，Microsoft 提供了丰富的文档，不仅可
帮助用户快速找到不了解的功能和操作的详细介绍，还提供了大量的示例，方便用户学习
使用。

1.3.1 　查看帮助文档

在 Power BI Desktop 的功能区单击"帮助"选项卡，可以看到多个与 Power BI Desktop
程序相关的帮助主题，例如指导式学习、培训视频、文档、示例等，如图 1-17 所示。

图 1-17 　"帮助"选项卡

　　单击要查看的功能按钮，即可打开浏览器，进入相应的帮助类别。例如，单击"文档"按钮，在浏览器中默认显示 Power BI Desktop 的入门帮助文档，如图 1-18 所示。

图 1-18　入门帮助文档

　　在左侧的导航栏中单击帮助标题，即可跳转到相应的帮助内容页面。

　　如果要查看更多的 Power BI 文档，在文档路径中单击"Power BI"，如图 1-19 所示，即可显示更全面的 Power BI 文档列表，如图 1-20 所示。

图 1-19　选择路径

图 1-20　Power BI 文档列表

　　如果要查找帮助内容，在搜索栏输入关键词，例如"切片器"，如图 1-21 所示，按 Enter 键，即可显示相应的搜索结果的内容链接，如图 1-22 所示。

图 1-21　输入搜索关键字

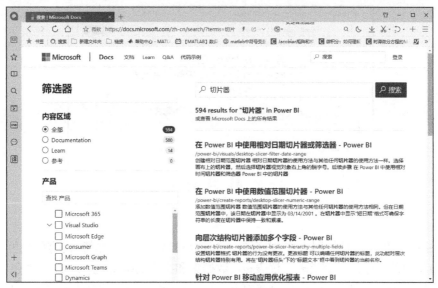

图 1-22　搜索结果

单击链接文本，即可显示该链接的具体内容。

1.3.2　使用示例

在功能区的"帮助"选项卡中单击"示例"按钮，弹出图 1-23 所示的下拉菜单。

从菜单可以看到，Power BI Desktop 提供了丰富的示例类型，不仅提供了示例数据集帮助初学者找到合适的数据快速创建视觉对象，还提供了多种格式和由专家创建的示例报表，此外，还可浏览由经验丰富的咨询合作伙伴创建的报表和商业情报解决方案。

示例数据集

在下拉菜单中选择"示例数据集"命令，打开示例数据使用向导，如图 1-24 所示。

图 1-23　"示例"下拉菜单

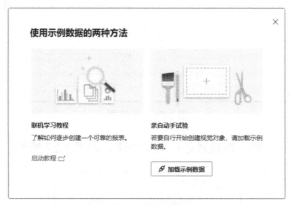

图 1-24　示例数据使用向导

单击"启动教程"链接文本，启动浏览器，显示帮助文档。在左侧的导航栏中展开"示例"类别，可以看到 Power BI Desktop 提供的示例列表，如图 1-25 所示。

图 1-25   查看示例

　　Power BI 示例有 3 种使用方式：内容包、.pbix 文件或 Excel 工作簿。内容包是可在 Power BI 服务中使用的，包含一个或多个仪表板、数据集和报表的捆绑包。.pbix 文件包含数据集和报表，可在 Power BI Desktop 中直接打开。Excel 工作簿包含数据表和 Power View 图表等内容，可在 Power BI Desktop 中导入。

提示：Power BI Desktop 不直接使用导入的 Excel 工作簿，而是在新的 Power BI Desktop 文件中按查询、数据模型表、KPI、度量值或 Power View 图表分类导入数据。

　　单击需要的示例，在右侧窗格中可以查看下载、使用示例的方法。
　　如果希望直接利用示例数据创建视觉对象，在图 1-24 所示的示例数据使用向导中单击"加载示例数据"按钮，打开导航器，选中要加载的表（此处为 financials），如图 1-26 所示。

图 1-26   导航器

　　单击"加载"按钮，即可加载财务示例工作簿，如图 1-27 所示。

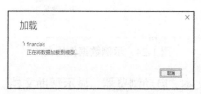

图 1-27   加载示例工作簿

加载完成后，在侧边栏切换到数据视图，可以查看加载的数据表，如图1-28所示。

图1-28 加载的数据表

1.4 本章小结

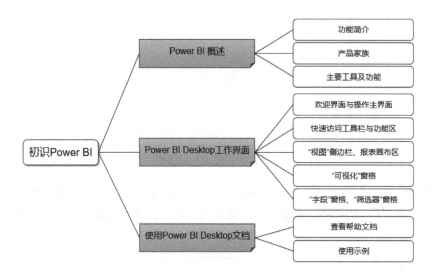

第2章 获取数据

要创建报表和视觉对象,首先要获取数据。除了支持直接输入数据,Power BI Desktop 还可以连接不同类型的数据源,获取数据进行分析。

2.1 直接输入数据——现金日记账

如果数据量较少,获取数据最直接的方法就是在 Power BI Desktop 中直接输入数据。

下面通过在 Power BI Desktop 中输入数据创建现金日记账介绍输入数据的方法。

(1)新建一个报表,在"主页"选项卡单击"输入数据"按钮,打开"创建表"对话框,如图 2-1 所示。

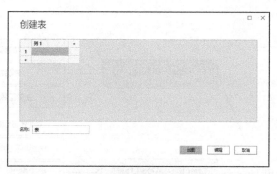

图 2-1 "创建表"对话框

(2)双击"列 1"单元格,修改列标题。然后单击单元格右侧的"插入列"按钮 + 或按键盘上的"向右"方向键,添加一列,输入列标题。使用同样的方法添加其他列标题,如图 2-2 所示。

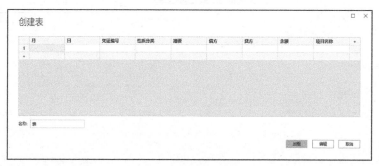

图 2-2 添加列标题

(3)单击第一行第一列的单元格,输入列值。按键盘上的"向右"方向键进入下一列,输入列值,如图 2-3 所示。

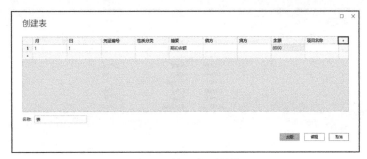

图 2-3 输入各列的值

（4）单击"插入行"按钮 ，可以添加一个空白行。按照第（3）步的方法输入该行中各列的值，如图 2-4 所示。

图 2-4 插入行并输入数据

（5）一行数据输入完成后，按 Enter 键可以在当前行下方插入一个空白行。输入数据，按 Enter 键，可以输入当前列的下一行数据。完成数据输入后的表如图 2-5 所示。

图 2-5 数据表

（6）如果要删除数据表的一列，选中该列并右击，从弹出的快捷菜单中选择"删除"命令，如图 2-6 所示，即可删除选定的列，结果如图 2-7 所示。

图 2-6 选择"删除"命令

图 2-7　删除一列的效果

（7）选中"贷方"列右击，从弹出的快捷菜单中选择"插入"命令，可以在当前列左侧添加一列，如图 2-8 所示。

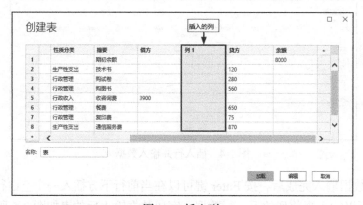

图 2-8　插入列

如果要插入的列与已有的某列相同或相似，利用"复制"和"粘贴"命令可以快速输入数据。

（8）选中"摘要"列右击，从弹出的快捷菜单中选择"复制"命令，然后选中第（7）步插入的"列 1"并右击，从弹出的快捷菜单中选择"粘贴"命令，可以看到原有列的值被替换为"摘要"列的值，为保证列标题的唯一，标题名称后面添加了编号，以示区别，如图 2-9 所示。

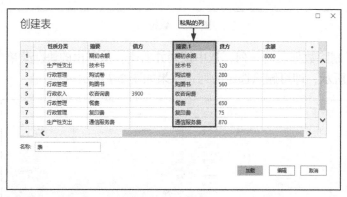

图 2-9　粘贴列

由此可以看到，如果要粘贴数据，应先创建一个空白的行或列，否则粘贴位置的行或列会被粘贴内容所取代。

如果要重新排序行或列，可以利用"剪切"和"粘贴"命令。

（9）将"摘要.1"列的标题修改为"备注"，并在"余额"列右侧插入一个空白列。利用快捷菜单中的"剪切"命令剪切"备注"列，然后选中插入的空白列并右击，在快捷菜单中选择"粘贴"命令，即可将"备注"列移到指定的位置，如图 2-10 所示。

图 2-10　移动列位置

使用同样的方法，可以在表中删除行或插入行。

（10）在"名称"编辑框中输入数据表的名称"现金日记账"。

数据输入完成后，如果要进一步编辑数据，单击"创建表"对话框底部的"编辑"按钮，即可启动 Power Query 编辑器，方便用户编辑数据。有关 Power Query 编辑器的使用方法将在第 3 章具体介绍。

（11）单击"加载"按钮，即可关闭"创建表"对话框，将数据表加载到模型中。此时，在"字段"窗格中可以看到表的字段，在数据视图中可以查看表的数据，如图 2-11 所示。

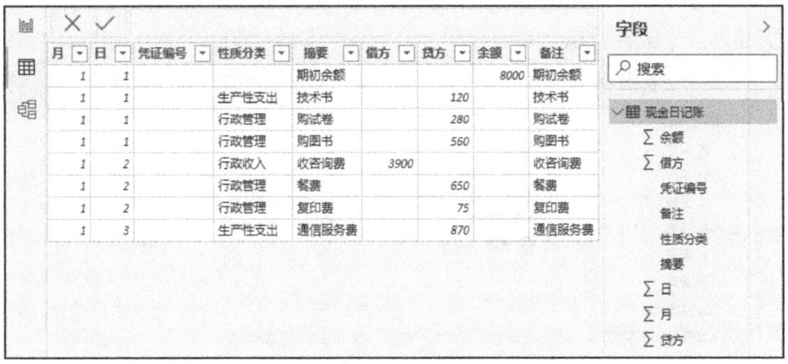

图 2-11　创建的数据表

2.2　连接数据源

在功能区的"主页"选项卡中单击"获取数据"按钮，在弹出的下拉菜单中选择"更多"命令，可以查看 Power BI Desktop 能连接的数据源类型，如图 2-12 所示。

可以看到，Power BI Desktop 支持的数据源类型分为 6 个类别：文件、数据库、Power Platform、Azure、联机服务和其他。"全部"包括所有类别的数据源连接类型。单击其中一个类别，可以查看该类别下的数据源类型。例如，单击"文件"类别，可以看到 Power BI Desktop 支持的文件类型的数据源，如图 2-13 所示。

图 2-12 可连接的数据源类型列表

图 2-13 "文件"类型的数据源

下面分别介绍 Power BI Desktop 连接几种常用类型的数据源的操作方法。

2.2.1 Excel 工作簿

Excel 工作簿

提到处理、分析数据,很多人会想到大众化的办公软件 Excel,在 Excel 中也能找到 Power BI 的雏形。作为专业的商业智能分析工具,Power BI Desktop 可以轻松连接 Excel 工作簿,甚至可以直接使用 Excel 中的图表。

(1)在"主页"选项卡的"数据"功能组单击"Excel"按钮,弹出"打开"对话框。切换到 Excel 文件的保存路径,选择需要的文件,如图 2-14 所示。

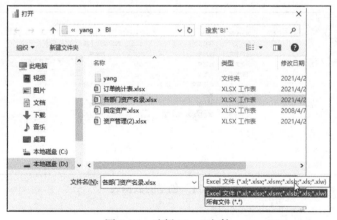

图 2-14 选择 Excel 文件

(2)在文件格式下拉列表中可以看到,Power BI Desktop 可连接的 Excel 文件格式包括.xl、.xlsx、.xlsm、.xls、.xlsb 和.xlw。

(3)单击"打开"按钮,即可连接指定的 Excel 文件。连接完成后,显示"导航器"对话框。对话框左侧显示连接的 Excel 文件中包含的所有工作表,选中要加载的数据表,右侧窗格中显示表的具体内容,如图 2-15 所示。

(4)如果要导入并编辑工作表中的数据,单击"转换数据"按钮,即可打开查询编辑器显示数据。有关查询编辑器的介绍和相关操作将在第 3 章讲解。

（5）如果要直接导入工作表数据，单击"加载"按钮，此时可在数据视图中查看导入的数据，如图 2-16 所示。

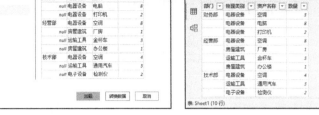

图 2-15　导航器　　　　　　　　　　图 2-16　查看导入的 Excel 数据

在 Power BI Desktop 的标题栏上可以看到，连接 Excel 文件时，并不是直接在 Power BI Desktop 中打开 Excel 文件，而是新建一个 Power BI 文件并导入数据。

2.2.2　文本/CSV 文件

文本/CSV 文件

"文本/CSV"类型的数据源通常使用固定的分隔符（如逗号、空格、分号、制表符等）分隔数据，每一行为一条记录。

（1）在"主页"选项卡的"数据"功能组单击"获取数据"下拉按钮，在弹出的下拉菜单中选择"文本/CSV"选项，弹出"打开"对话框。

（2）选择要连接的文件，如图 2-17 所示。

图 2-17　选择文本文件

从图 2-17 中可以看到，"文本/CSV"类型的文件包括.txt、.csv 和.prn 格式的文件。

（3）单击"打开"按钮，显示图 2-18 所示的文本文件导入对话框。

如果导入时文件编码格式不正确，则导入的数据会出现乱码。此时，可在导入对话框顶部的"文件原始格式"下拉列表中重新选择文件编码格式。在"分隔符"下拉列表中可选择导入文件使用的分隔符。

导入"文本/CSV"类型的数据源时，Power BI Desktop 默认基于前 200 行数据检测数据类型，用户也可以根据实际需要，在"数据类型检测"下拉列表中选择"基于整个数据集"或"不检测数据类型"。

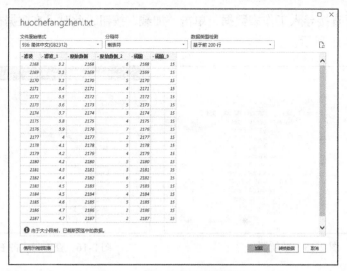

图 2-18   文本文件导入对话框

提示：如果不检测数据类型，则文件中的所有数据都将作为文本导入。

（4）单击"加载"按钮，即可导入文件中的数据，在数据视图中可查看数据。

2.2.3   XML 文件

XML 文件

XML 是 Extensible Markup Language（可扩展标记语言）的缩写，采用自定义的标记组织数据，不受编程语言和操作系统的限制，是互联网数据存储和传输的重要工具。

（1）在"主页"选项卡的"数据"功能组单击"获取数据"下拉按钮，在弹出的下拉菜单中选择"更多"选项，然后在弹出的"获取数据"对话框中选择"XML"，如图 2-19 所示。

图 2-19   选择要连接的文件类型

（2）单击"连接"按钮，在弹出的"打开"对话框中选择要连接的 XML 文件，然后单击"打开"按钮，显示导航器。

（3）在导航器左侧窗格中选中要加载的数据表，右侧窗格可预览数据表的内容，如图 2-20 所示。

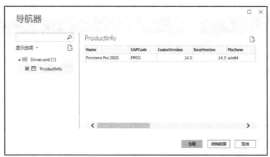

图 2-20　导航器

（4）单击"加载"按钮，即可将数据导入 Power BI Desktop。

2.2.4　JSON 文件

JSON（JavaScript Object Notation, JS 对象简谱）采用完全独立于编程语言的文本格式，是一种易于人阅读和编写，也易于机器解析和生成的数据交换格式。

（1）在"主页"选项卡的"数据"功能组单击"获取数据"下拉按钮，在弹出的下拉菜单中选择"更多"选项，然后在弹出的"获取数据"对话框中选择"JSON"。

（2）单击"连接"按钮，在弹出的"打开"对话框中选择要连接的 JSON 文件，如图 2-21 所示。

图 2-21　选择 JSON 文件

（3）单击"打开"按钮，即可启动查询编辑器，显示导入的文件数据，如图 2-22 所示。

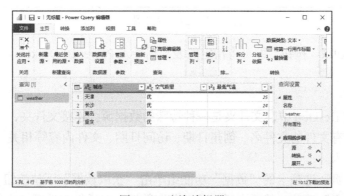

图 2-22　查询编辑器

（4）在"开始"选项卡单击"关闭并应用"按钮，即可在数据视图中查看导入的数据，如图 2-23 所示。

图 2-23   查看导入的 JSON 数据

2.2.5   PDF 文件

PDF 也是一种非常常见的数据来源，多用于公司的各种报告和报表中。连接 PDF 文件的方法与连接其他文件类型的数据源相同。

PDF 文件

（1）在"主页"选项卡的"数据"功能组单击"获取数据"下拉按钮，在弹出的下拉菜单中选择"更多"选项，然后在弹出的"获取数据"对话框中选择"PDF"。

（2）单击"连接"按钮，在弹出的"打开"对话框中选择要连接的 PDF 文件，然后单击"打开"按钮，在导航器左侧窗格中选中要加载的表，在右侧窗格中可预览数据表的内容，如图 2-24 所示。

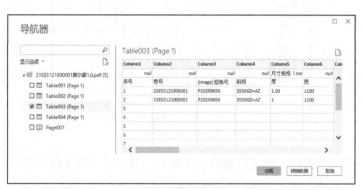

图 2-24   导航器

（3）单击"加载"按钮，即可将指定的表数据导入 Power BI Desktop。

2.2.6   文件夹

在 Power BI Desktop 中，文件夹是一种特殊的数据源。连接文件夹，可将文件夹中所有文件的文件名、创建日期、访问日期、文件内容等相关信息作为记录导入。

文件夹

（1）在"主页"选项卡的"数据"功能组单击"获取数据"下拉按钮，在弹出的下拉菜单中选择"更多"选项，然后在弹出的"获取数据"对话框中选择"文件夹"。

（2）单击"连接"按钮，弹出"文件夹"对话框。在该对话框中单击"浏览"按钮，打开"浏览文件夹"对话框，选择要连接的文件夹，单击"确定"按钮返回到"文件夹"对话框，如图 2-25 所示。

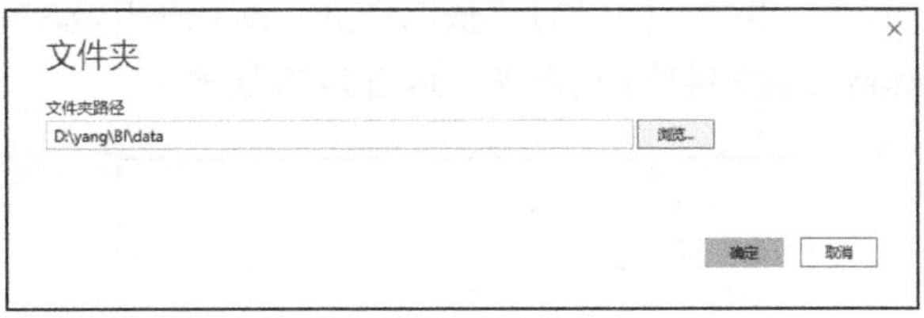

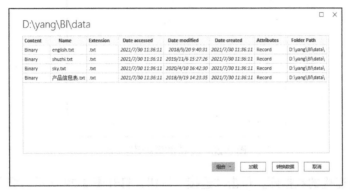

图 2-25 "文件夹"对话框

（3）单击"确定"按钮关闭对话框，即可显示文件夹的预览数据，如图 2-26 所示。

图 2-26 文件夹的预览数据

如果要进一步导入文件夹中文件的数据，单击"组合"按钮，在弹出的下拉菜单中选择"合并并转换数据"或"合并和加载"选项，打开图 2-27 所示的"合并文件"对话框，可以为文件夹中的每个文件指定编码格式、分隔符和数据类型检测范围，以导入数据。

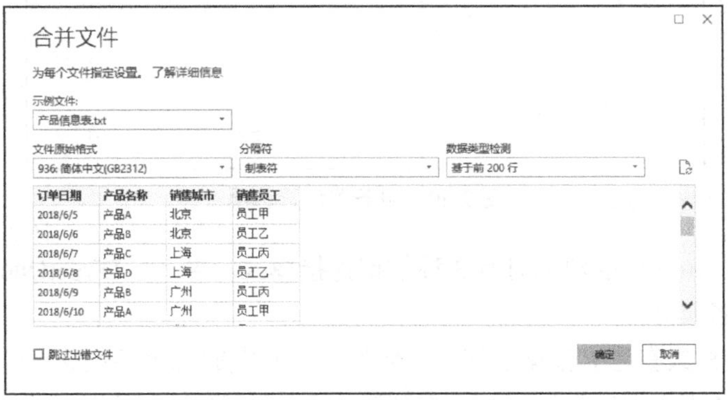

图 2-27 "合并文件"对话框

"合并并转换数据"与"合并和加载"不同的是，在"合并文件"对话框中单击"确定"按钮，前者会打开查询编辑器，后者直接在数据视图中加载数据。

2.2.7 数据库

如果数据量庞大且关系复杂，通常使用数据库管理数据。目前市面上的数据库软件种类繁多，比较主流的数据库有 MySQL、Oracle、SQL Server 等。连接各种数据库的操作方法基本相同。下面以连接 SQL Server 数据库为例，介绍在 Power BI Desktop 中连接数据库的操作步骤。

（1）在"主页"选项卡的"数据"功能组单击"获取数据"下拉按钮，在弹出的下拉菜单中选择"更多"选项，然后在弹出的"获取数据"对话框中选择"数据库"类别，可以查看 Power BI Desktop 支持的数据库类型，如图 2-28 所示。

图 2-28　支持的数据库类型

（2）选中要连接的数据库，单击"连接"按钮，打开图 2-29 所示的服务器设置选项对话框。

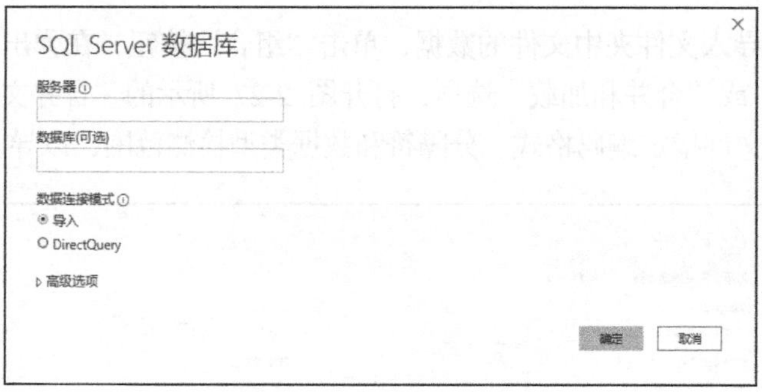

图 2-29　服务器设置选项

Power BI Desktop 获取数据时有 3 种数据连接模式：导入、DirectQuery 和实时连接。这 3 种连接模式各具特点。

"导入"连接模式在建立数据连接时，会为数据源中的每个表创建一个查询，加载数据时，导入的数据及查询返回的所有数据都缓存在 Power BI 中，因此，用户与视觉对象交互时可以快速反应更改。与此同时，视觉对象不能反映数据源中基础数据的变化，需要通过"刷新"命令反映数据的变化。

"DirectQuery"连接模式在建立数据连接时，不会导入数据源的基础数据进行缓存，始终对数据源进行查询以更新视觉对象。如果基础数据有改变，应进行"刷新"操作，向数据源发送查询以重新检索数据，及时更新视觉对象。

"实时连接"模式与 DirectQuery 模式类似，直接查询数据源的基础数据，不缓存数据，能实时反映基础数据的变化。但不能定义计算列、层次结构和关系等。

（3）设置服务器名称、数据库名称和连接模式后，单击"确定"按钮，打开图 2-30 所示的身份验证对话框。

图 2-30　身份验证

从图 2-30 中可以看到，可以使用 Windows 账户、数据库账户或 Microsoft 账户连接到数据库服务器。如果是本地数据库，建议选择使用 Windows 凭据访问数据库。

（4）设置身份验证方式后，单击"连接"按钮开始连接数据库。连接成功后，弹出"导航器"对话框显示数据库中的数据表。

（5）选中要加载的数据表，单击"加载"按钮，即可完成连接操作，在 Power BI Desktop 中加载指定的数据表。

2.3　采集网页数据——某品牌手机报价

如果网页中有表格化的数据，使用 Power BI Desktop 可将网页中的数据导入报表中。

下面以在某电商平台上收集某品牌手机的报价为例，介绍在 Power BI Desktop 中采集网页数据的操作方法。

（1）在浏览器中打开电商平台的首页，在搜索栏输入"华为手机"，单击"搜索"按钮显示搜索结果。单击"销量"按钮，将搜索结果按销量从高到低排序。然后在地址栏复制当前网页的网址，如图 2-31 所示。

图 2-31　要采集数据的网页

（2）在"主页"选项卡的"数据"功能组单击"获取数据"下拉按钮，在弹出的下拉菜单中选择"Web"，打开"从 Web"对话框，在"URL"文本框中粘贴网页的网址，如图 2-32 所示。

图 2-32　粘贴网址

（3）单击"确定"按钮开始连接数据源。连接成功后，弹出"导航器"对话框，左侧窗格显示从指定的网页中检测到的表，右侧窗格显示当前选中表的数据，如图 2-33 所示。

图 2-33　"导航器"对话框

提示：如果网址使用的传输协议提供对网站服务器的身份验证，则弹出图 2-34 所示的身份验证对话框。单击"连接"按钮，即可连接数据源。

图 2-34　身份验证

（4）在"导航器"对话框中切换到"Web 视图"选项卡，可以查看相应的网页内容，如图 2-35 所示。

（5）在左侧窗格中选中要加载的数据表，单击"加载"按钮，即可将指定的数据表加载到 Power BI Desktop。此时，在数据视图中可以查看加载的数据，如图 2-36 所示。

图 2-35　Web 视图

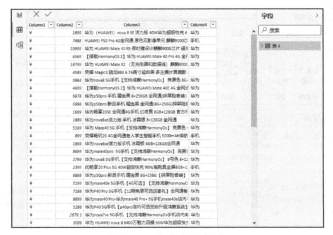

图 2-36　加载的数据表

2.4　本章小结

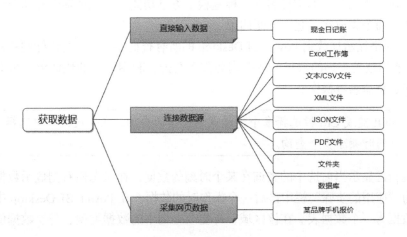

第 3 章　数据基础操作

Power BI Desktop 具有强大的数据编辑、管理功能，可以对数据进行多种方式的查看、排序、筛选、提取、分类汇总，以及合并、追加查询等操作。本章主要介绍利用 Power Query 编辑器对数据进行编辑、管理、规范化，为后续的数据可视化奠定基础。

3.1　认识 Power Query 编辑器

启动 Power BI Desktop，打开数据文件。在"主页"选项卡"查询"功能组单击"转换数据"按钮，即可进入 Power Query 编辑器界面，如图 3-1 所示。

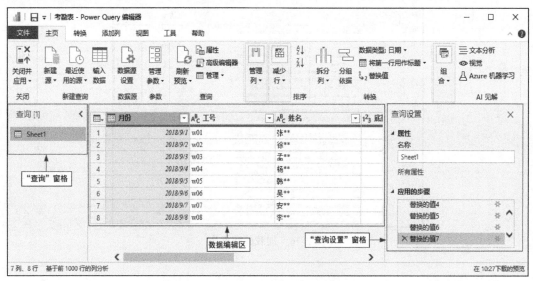

图 3-1　Power Query 编辑器界面

标题栏显示当前打开的文件名称。标题栏下方是功能区，以选项卡和功能组的形式将数据操作功能命令集成在一起，方便调用。

"查询"窗格显示加载到 Power BI Desktop 的所有查询的名称，窗格标题右侧的方括号 [] 中显示当前加载的查询的数目。在查询名称上右击，利用弹出的快捷菜单可对查询进行复制、删除、重命名等操作。

提示：按住 Shift 键或 Ctrl 键选择多个连续或不连续的查询，在快捷菜单中选择"删除"命令，可同时删除多个查询。

数据编辑区显示当前选中的查询在某个时刻的数据，在状态栏右侧显示数据加载的时间，默认为"应用的步骤"栏中最后一个操作时的数据。在 Power BI Desktop 中，一个查询导入的数据为一个数据表。在该区域，可更改查询中的数据类型、替换数据值、对数据

进行筛选和分组等操作。在"主页"选项卡单击"刷新预览"按钮，可查看数据源的最新数据。

"查询设置"窗格包含两栏——"属性"和"应用的步骤"，分别用于设置查询属性和管理对查询的操作步骤。

在"属性"栏的"名称"文本框中可修改查询表的名称，单击"所有属性"选项，打开图 3-2 所示的"查询属性"对话框。在"说明"文本框中可输入对查询的描述说明，便于理解和后期维护。默认选中的"启用加载到报表"复选框表示将获取的数据加载到报表；如果不选中，则表示从报表中删除该查询对应的数据。选中"包含在报表刷新中"复选框表示刷新报表时，会应用该查询获取的最新数据，否则要单独刷新数据表以获取最新数据。

图 3-2 "查询属性"对话框

"应用的步骤"栏显示当前选中查询包含的基本步骤，执行查询则按顺序执行应用的步骤。通常，从 Excel 文件获取数据，查询会自动完成"源""导航""提升的标题""更改的类型" 4 个步骤。单击某一个步骤，在数据编辑区可预览该步骤对应的数据。

在"应用的步骤"列表中单击"源"，可预览数据源的源信息，如图 3-3 所示。其中，Name 字段为源数据的名称，Data 字段对应的 Table 表明源数据为数据表。

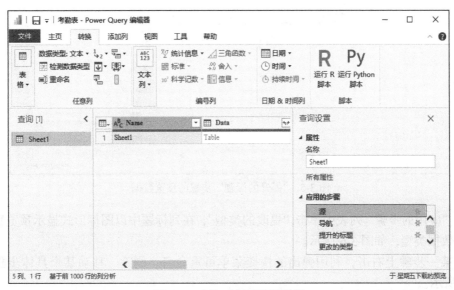

图 3-3 "源"步骤的预览数据

提示：不同类型的数据源，对应的源信息也有所不同。

　　在"应用的步骤"列表中单击"导航"，可预览数据源的原始数据，通常没有进行任何转换，所有字段均为字符型，列名为 Column1、Column2，如图 3-4 所示。

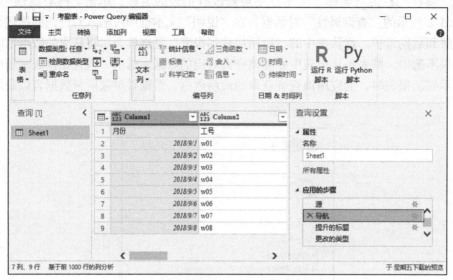

图 3-4　"导航"步骤的预览数据

　　在"应用的步骤"列表中单击"提升的标题"，可查看提升标题后的预览数据，如图 3-5 所示。该步骤自动识别源数据中的字段标题。

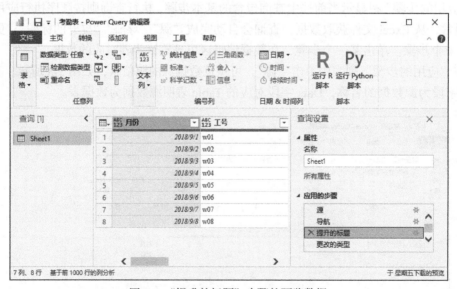

图 3-5　"提升的标题"步骤的预览数据

　　在"应用的步骤"列表中单击"更改的类型"，在列标题中以图标形式显示预览数据各字段的数据类型，如图 3-6 所示。

　　在某一步骤上右击，利用弹出的快捷菜单可重命名、删除、移动某个具体步骤，如图 3-7 所示。

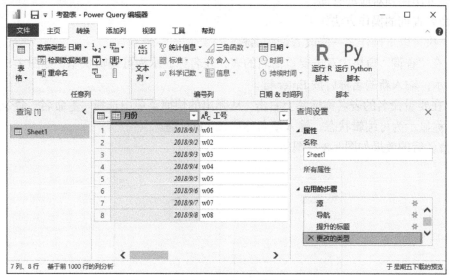

图 3-6　"更改的类型"步骤的预览数据

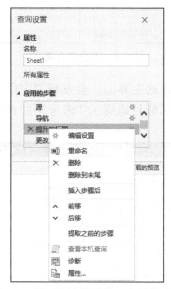

图 3-7　利用快捷菜单管理应用的步骤

注意："删除到末尾"命令是指删除当前及其后的所有步骤。删除的步骤不能恢复。

3.2　管理查询——考勤表

在对数据进行操作之前，通常应先整理查询，对查询进行重命名、复制、移动、插入、删除、分组等操作。

3.2.1　重命名查询

在实际应用中，一个 Power BI 文件通常包含多张查询，给每个查询指定一个具有代表意义的名称可方便查找。在"查询"窗格中单击查询的

重命名查询

名称，即可切换到对应的查询。

重命名查询的操作方法如下。

（1）执行以下操作之一修改查询的名称。

- 在"查询"窗格中双击要重命名的表，表名称显示为可编辑状态，如图 3-8 左图所示，输入新的名称后按 Enter 键。
- 在要重命名的表名称标签上右击，从弹出的快捷菜单中选择"重命名"命令，表名称显示为可编辑状态，输入新名称后按 Enter 键。

重命名后的效果如图 3-8 右图所示。

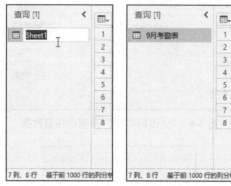

图 3-8　重命名查询表

此时返回 Power BI Desktop 的主界面，会发现"字段"窗格中的查询表名称仍然为旧名称，且数据编辑区上方显示醒目地提示"未应用的查询中有挂起的更改"，如图 3-9 所示。

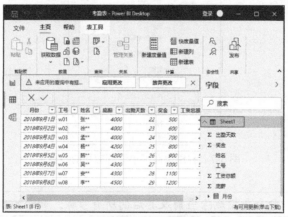

图 3-9　提示信息

接下来应用更改。

（2）在提示栏中单击"应用更改"按钮，或在 Power Query 编辑器的"主页"选项卡单击"关闭并应用"下拉按钮，在弹出的下拉菜单中选择"应用"命令，应用命名结果。

此时，提示栏消失，"字段"窗格中的表名称显示为修改后的名称。

3.2.2　复制查询

如果要创建与加载到 Power BI Desktop 中的表结构和内容相似的查询表，一个简单的方法是复制已有的查询表，然后进行修改。

复制查询

在 Power Query 编辑器中，利用快捷菜单中的两个"复制"命令，可以便捷地复制表。

1. 复制、粘贴表

（1）在"查询"窗格中右击要复制的表，从弹出的快捷菜单中选择第一个"复制"命令，如图 3-10 所示。

（2）在"查询"窗格的空白处右击，从弹出的快捷菜单中选择"粘贴"命令，即可显示复制的表，并自动在表名称后添加编号，使之成为唯一的命名。例如"9 月考勤表"变为"9 月考勤表(2)"，如图 3-11 所示。

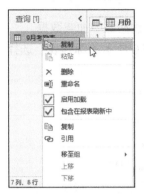

图 3-10　选择第一个"复制"命令　　　　图 3-11　复制、粘贴表

（3）在 Power Query 编辑器的"主页"选项卡单击"关闭并应用"下拉按钮，在弹出的下拉菜单中选择"应用"命令，应用复制结果。

2. 生成表副本

（1）在"查询"窗格中右击要复制的表，从弹出的快捷菜单中选择第二个"复制"命令，如图 3-12 所示。

与第一个"复制"命令不同的是，该"复制"命令不仅复制查询表，而且自动生成表的一个副本，如图 3-13 所示。

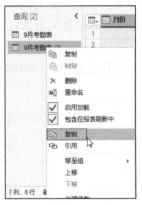

图 3-12　选择第二个"复制"命令　　　　图 3-13　复制生成表副本

（2）在"主页"选项卡中单击"关闭并应用"下拉按钮，在弹出的下拉菜单中选择"应用"命令，应用复制结果。

3.2.3　插入查询

在 Power Query 编辑器中，利用"主页"选项卡"新建查询"功能组

插入查询

中的命令可以多种方式插入查询，如图 3-14 所示。

图 3-14   "新建查询"功能组

- 新建源：单击该按钮，从图 3-15 所示的数据源中加载数据。
- 最近使用的源：单击该按钮，打开图 3-16 所示的源列表。选择一个源，即可加载对应的数据。
- 输入数据：通过手动输入的方式新建查询。

图 3-15   源列表

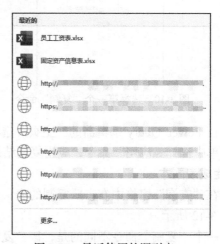

图 3-16   最近使用的源列表

前两种方式前面的章节已介绍过，如果数据量较少，在 Power Query 编辑器中手动输入数据，是获取数据内容最直接的方法。下面通过直接输入数据的方法在 Power Query 编辑器中插入"sw 部门考勤表"。

（1）在"主页"选项卡单击"输入数据"按钮，打开"创建表"对话框，显示用于输入数据的行列表格，如图 3-17 所示。

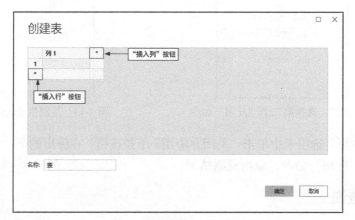

图 3-17   "创建表"对话框

（2）单击第一列标题进入编辑状态，修改列名为"工号"。然后单击"插入行"按钮 7 次添加 7 行，单击单元格输入第一列的数据，如图 3-18 所示。

（3）单击"插入列"按钮 5 次，添加 5 列，并修改各列的标题，如图 3-19 所示。

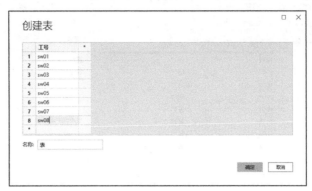

图 3-18　输入第一列的数据

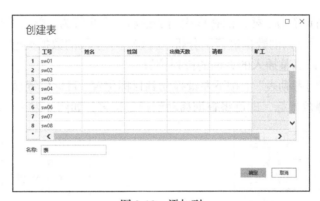

图 3-19　添加列

（4）在单元格中输入数据，如图 3-20 所示。

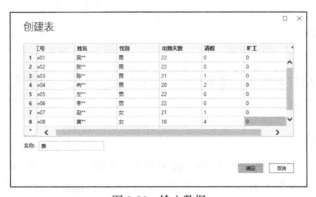

图 3-20　输入数据

提示：如果在其他文件（例如 Excel 工作表）中有相应的数据，可以打开文件复制数据，然后在"创建表"对话框中粘贴以添加数据。

（5）在对话框底部的"名称"文本框中输入表名称"sw 部门考勤表"，然后单击"确定"按钮关闭"创建表"对话框。此时，在 Power Query 编辑器的"查询"窗格中可以看到插入的查询，如图 3-21 所示。

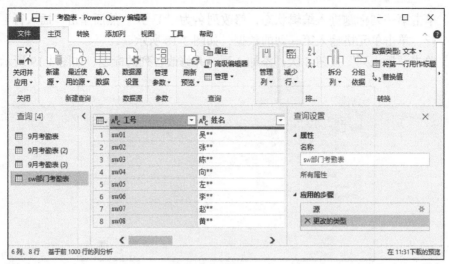

图 3-21   插入的查询

在图 3-21 中可以看到，插入的查询应用的最后一个步骤为"更改的类型"，说明 Power Query 编辑器自动对输入的数据进行了分析，并确定了字段的数据类型。

根据需要还可以调整插入的查询的排列位置。

（6）在"sw 部门考勤表"上按下左键拖动到目标位置，目标位置显示一条黄色的粗线，如图 3-22 所示。释放鼠标，即可将查询移动到指定位置，如图 3-23 所示。

图 3-22   移动查询

图 3-23   移动后的排列效果

右击查询，利用打开的快捷菜单中的"上移"或"下移"命令也可以移动查询的排列位置。

引用查询

3.2.4   引用查询

通过引用查询，可以制作一个查询（被引查询）的副本（引用查询），将被引查询中的最终数据作为数据源。与复制的副本不同的是，改变被引查询时，引用查询的数据会随之更新。

下面通过创建"sw 部门考勤表"的引用介绍创建引用查询的方法，以及引用查询与被引用查询之间的关联。

（1）在"查询"窗格中右击将被引用的查询"sw 部门考勤表"，在弹出的快捷菜单中选择"引用"命令，如图 3-24 所示。

与复制并生成副本类似，此时在"查询"窗格中可以看到创建的引用查询，为保持查询名称的唯一性，该查询的名称在被引查询的名称之后自动添加编号，如图 3-25 所示。

图 3-24 选择"引用"命令　　　　　　　　图 3-25 创建引用查询

在图 3-25 中可以看到，引用查询的应用步骤只有"源"，说明引用查询没有对被引用查询做任何更改。

（2）为便于理解查询的内容和后期的维护，将引用查询重命名为一个易辨识的名称"sw 部门考勤表_引用"。

接下来分别修改被引用查询和引用查询，观察两个查询有什么关联。

（3）选中查询"sw 部门考勤表"，在第二行第二列的单元格上右击，从弹出的快捷菜单中选择"替换值"命令，在弹出的"替换值"对话框中将单元格中的数据修改为"徐**"，如图 3-26 所示。

图 3-26 修改被引用查询中的数据

（4）单击"确定"按钮关闭对话框，可以看到被引用查询和引用查询中数据都发生了相应的变化，如图 3-27 所示。

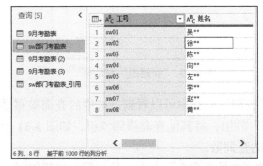
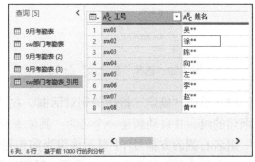

图 3-27 修改被引用查询的结果

（5）选中查询"sw 部门考勤表_引用"，在第二行第二列的单元格上右击，从弹出的快捷菜单中选择"替换值"命令，在弹出的"替换值"对话框中将单元格中的数据修改为"张**"。单击"确定"按钮关闭对话框，可以看到引用查询中数据发生了相应的变化，但被引用查询中的数据没有发生变化，如图 3-28 所示。

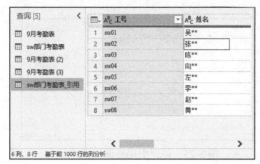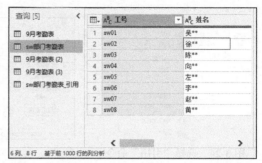

图 3-28   修改引用查询的结果

由此可以看出，被引用查询的数据改变时，引用查询中的数据会随之改变；而调整引用查询中的数据，被引用查询中的数据不受影响。

查询分组

3.2.5   查询分组

如果加载的查询较多，为便于查看、管理，可以对查询进行分组。对组进行折叠、展开，可快速隐藏或显示要预览的表。

下面通过新建"第三季度"组对查询进行编组，演示使用组对查询进行管理的操作方法。

（1）在"查询"窗格中右击要移动到组的表，从弹出的快捷菜单中选择"移至组"→"新建组"命令，如图 3-29 所示。

（2）在弹出的"新建组"对话框中输入组名称，建议在"说明"文本框中添加组的描述说明，如图 3-30 所示。

图 3-29   选择"新建组"命令   图 3-30   "新建组"对话框

（3）单击"确定"按钮关闭对话框，在"查询"窗格中可以看到，选中的查询被移动至新建的组，并自动新建一个名为"其他查询"的组，将其他查询移到该组，如图 3-31 所示。组名右侧的方括号[]中显示该组当前包括的查询数。

（4）选中"8 月考勤表"，按下左键拖动到"9 月考勤表"上方，显示黄色的粗线时，如图 3-32 所示，释放鼠标，即可将"8 月考勤表"移到"第三季度"组，并显示在"9 月考勤表"上方。

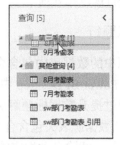

图 3-31　新建组　　　　　　　　　　　　　　图 3-32　将查询拖动到组中

（5）右击"7 月考勤表"，在弹出的快捷菜单中选择"移至组"→"第三季度"命令，如图 3-33 所示，即可将指定的查询移到指定的组中，默认显示在底部，如图 3-34 所示。

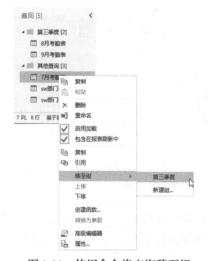

图 3-33　使用命令将查询移至组　　　　　　　图 3-34　查询移至组的效果

此时，可通过折叠、展开组，查看部分查询。

（6）单击"其他查询"组名左侧的展开图标，即可折叠该组，隐藏该组的查询，左侧的图标切换为折叠图标，如图 3-35 所示。单击折叠图标，即可展开组。

如果不再使用组管理查询，则在组名上右击，从弹出的快捷菜单中选择"取消分组"命令。在这里读者要注意"取消分组"与"删除组"的区别。取消分组相当于将查询移到组外，然后删除空组；而"删除组"命令则不仅删除组，同时还删除组中的所有查询。

图 3-35　折叠"其他查询"组

提示：删除"其他查询"组时，只能删除组中的查询，组继续存在。

3.3　数据规范化——固定资产管理

Power BI Desktop 几乎支持所有格式的数据，但对视觉对象和建模工具来说，最合适的是列式数据。从不同数据源加载到 Power BI 的数据可能存在标题位置不对、数据类型不准确或含有重复项等情况。因此，在数据可视化之前，通常需要使用 Power Query 编辑器对加载的数据进行规范化处理。

3.3.1 设置标题行

设置标题行

如果数据源中的数据表中包含合并单元格，或第一行不是列标题字段，那么加载到 Power BI Desktop 中时，查询中对应的单元格中显示 null 值。此时，可通过提升数据标题解决这一问题。

例如，Excel 数据源表头包含合并单元格，不能正常导入 Power BI Desktop。下面的操作通过设置标题行，清除自动生成的 null 值。

（1）在 Excel 中打开要连接的 Excel 工作簿，切换到“固定资产档案”工作表，如图 3-36 所示。在图中可以看到，该数据表的第一行包含合并单元格，列标题位于第二行。

	A	B	C	D	E	F	G	H	I	J	K	L	M	N	O	P	Q
1	固定资产档案								折旧						当前日期:	2014/7/3	
2	卡片编号	物理类别	资产名称	资产编号	变动方式	使用状态	使用日期	使用部门	原值	使用年限	折旧月份	残值率	残值	月折旧额	累计折旧	净值	折旧方法
3	F001	电器设备	空调	A001	购入	使用中	2009/8/1	财务部	3,500.00	10	59	5%	175.00	27.71	1634.89	1,865.11	
4	F002	电器设备	空调	A002	购入	使用中	2008/8/1	经营部	3,500.00	10	71	5%	175.00	27.71	1967.41	1,532.59	
5	F003	电器设备	空调	A003	购入	使用中	2010/8/1	技术部	3,500.00	10	47	5%	175.00	27.71	1302.37	2,197.63	
6	F004	房屋建筑	厂房	A004	自建	使用中	2006/7/1	机关部	3,000,000.00	50	96	5%	150,000.00	4750	456000	2,544,000.00	
7	F005	运输工具	现代汽车	A005	接受投资	使用中	2011/3/15	技术部	170,000.00	10	40	5%	8,500.00	1345.83	53833.2	116,166.80	
8	F006	运输工具	金杯车	A006	购入	使用中	2012/3/16	机关部	150,000.00	10	28	5%	7,500.00	1187.5	33250	116,750.00	
9	F007	电器设备	电脑	A007	购入	使用中	2011/8/1	财务部	5,000.00	5	35	5%	250.00	79.17	2770.95	2,229.05	
10	F008	电器设备	电脑	A008	购入	使用中	2010/8/1	财务部	5,000.00	5	47	5%	250.00	79.17	3720.99	1,279.01	
11	F009	电器设备	电脑	A009	购入	使用中	2012/8/1	劳资部	5,000.00	5	23	5%	250.00	79.17	1820.91	3,179.09	
12	F010	房屋建筑	办公楼	A010	自建	在使用	2006/5/1	机关部	1,000,000.00	40	98	5%	50,000.00	1979.17	193958.66	806,041.34	
13	F011	电子设备	检测仪	A011	接受捐赠	在使用	2007/12/9	技术部	500,000.00	20	79	5%	25,000.00	1979.17	156354.43	343,645.57	
14	F012	电子设备	检测仪	A012	购入	在使用	2012/12/9	技术部	500,000.00	5	19	5%	25,000.00	7916.67	150416.73	349,583.27	
15	F013	电器设备	打印机	A013	购入	在使用	2011/2/19	财务部	3,000.00	5	41	5%	150.00	47.5	1947.5	1,052.50	
16	F014	电器设备	打印机	A014	购入	在使用	2011/2/19	财务部	3,001.00	5	41	5%	150.05	47.52	1948.32	1,052.68	
17	F015	电器设备	打印机	A015	购入	在使用	2011/2/19	劳资部	3,002.00	5	41	5%	150.10	47.53	1948.73	1,053.27	
18	F016	机器设备	起重机	A016	接受投资	在使用	2012/10/15	其他	300,000.00	20	21	5%	15,000.00	1187.5	24937.5	275,062.50	
19	F017	机器设备	调动机	A017	接受投资	在使用	2013/2/11	其他	400,000.00	20	17	5%	20,000.00	1583.33	26916.61	373,083.39	

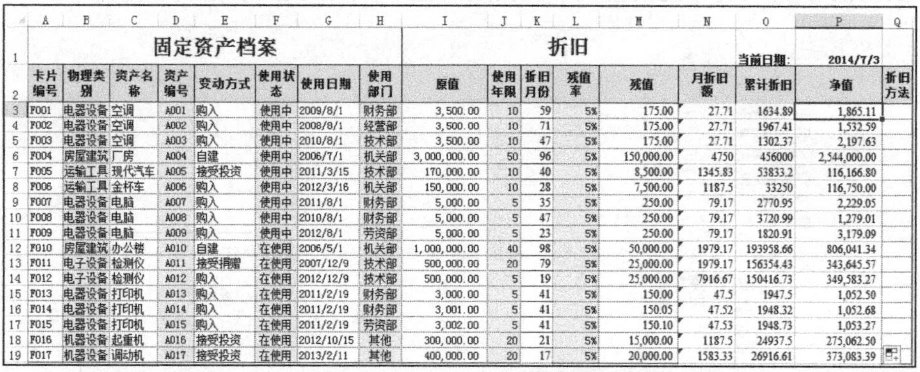

图 3-36 “固定资产档案”工作表

（2）打开 Power BI Desktop，从 Excel 数据源获取数据。在“导航器”对话框中选中要加载的数据表“固定资产档案”，在右侧的窗格中预览数据，然后单击“转换数据”按钮，如图 3-37 所示。

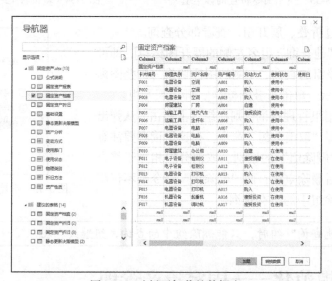

图 3-37 选择要加载的数据表

（3）在自动启动的 Power Query 编辑器中可以看到，数据表中的列字段没有显示在列标题栏中，如图 3-38 所示。

图 3-38　加载数据

（4）切换到"转换"选项卡，单击"将第一行用作标题"按钮，如图 3-39 所示。

图 3-39　单击"将第一行用作标题"按钮

此时，可看到数据编辑区中的行数据向上提升一行，如图 3-40 所示。

图 3-40　行数据向上提升

（5）再次单击"将第一行用作标题"按钮。此时含有列字段的行数据提升为列标题，如图 3-41 所示。

图 3-41　提升列标题

3.3.2　填充相邻单元格的 null

填充相邻单元格
的 null

如果源数据中存在合并单元格，则加载到 Power BI Desktop 后，跨行合并的单元格中会显示 null，如图 3-42 所示，不便于后期数据的可视化处理。利用 Power Query 编辑器中的填充功能，可轻松地将相邻单元格中的值向下填充 null 所在的单元格。

图 3-42　预览数据

（1）单击列标题，选中含有 null 的列，在"转换"选项卡中单击"填充"下拉按钮 🔽，在弹出的下拉菜单中根据 null 所在的单元格位置选择填充方向，如图 3-43 所示。

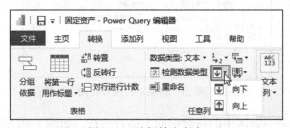

图 3-43　选择填充方向

（2）在图 3-42 所示的查询中，每一个部门名称显示在对应资产信息的首行，其他行显示为 null，因此选择"向下"命令，将部门名称向下填充，效果如图 3-44 所示。

图 3-44　向下填充部门名称的效果

3.3.3　修改列类型和大小写

修改列类型
和大小写

如果加载的数据表中的数据类或大小写格式不符合要求，利用 Power Query 编辑器的转换功能可快速更改数据类型和大小写格式。

例如，要将"数量"列的数据类型修改为"整数"，并将"型号"列的数据书写格式更改为大写，可以执行以下操作。

（1）打开原始文件，在 Power Query 编辑器中可以看到，"数量"列的数据类型为"文本",如图 3-45 所示。

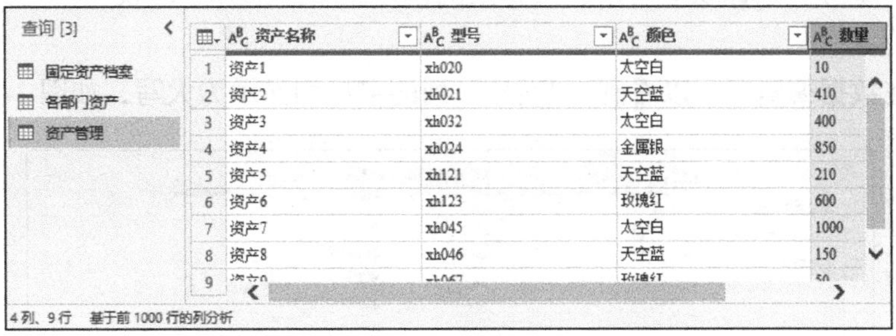

图 3-45 预览数据

（2）在"数量"列标题上右击,从弹出的快捷菜单中选择"更改类型"→"整数"命令,如图 3-46 所示。

（3）在弹出的如图 3-47 所示的"更改列类型"对话框中单击"替换当前转换"按钮,替换现有的类型转换,并关闭对话框。

图 3-46 将数据类型更改为"整数"

图 3-47 "更改列类型"对话框

此时,在数据编辑区可以看到,"数量"列的数据类型显示为数值,如图 3-48 所示。

图 3-48 修改列类型后的效果

接下来将"型号"列的数据书写格式转换为大写。

（4）在"型号"列标题上右击，从弹出的快捷菜单中选择"转换"→"大写"命令，如图 3-49 所示。

此时，在数据编辑区可以看到，"型号"列的字母均显示为大写，如图 3-50 所示。

图 3-49 转换为大写

图 3-50 转换为大写的效果

3.3.4 替换数据值

替换数据值

如果连接的数据源中有错误，或需要修改某列中的数据值，在 Power Query 编辑器中利用替换操作可很方便地进行修改。

下面通过将"颜色"列中的"太空白"替换为"皓月灰"，并替换表中的错误值，演示替换数据值的用法与功能。

（1）如果要替换某列单元格的指定数据值，在包含要替换的值的单元格上右击，从弹出的快捷菜单中选择"替换值"命令，如图 3-51 所示。

图 3-51 选择"替换值"命令

（2）在弹出的"替换值"对话框中，"要查找的值"文本框中自动填充选中单元格的值，在"替换为"文本框中输入要替换的值，如图 3-52 所示。

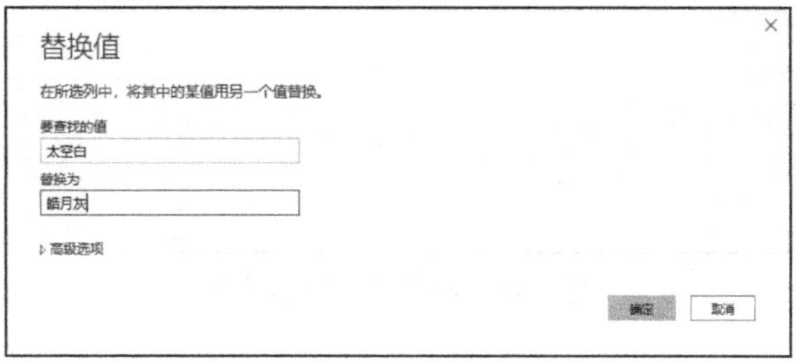

图 3-52　设置"替换值"对话框

如果在列标题上右击，在弹出的快捷菜单中选择"替换值"命令，则在弹出的"替换值"对话框中，"要查找的值"文本框显示为空，需要用户自己输入要查找并替换的值。

（3）单击"确定"按钮关闭对话框，即可修改指定单元格的值为替换的值，如图 3-53 所示。

图 3-53　替换值的效果

使用替换功能还可以修改数据区域的错误值。例如，在"剩余数量"列可以看到，第三行的单元格中显示 Error，表明数据有误，如图 3-54 所示。

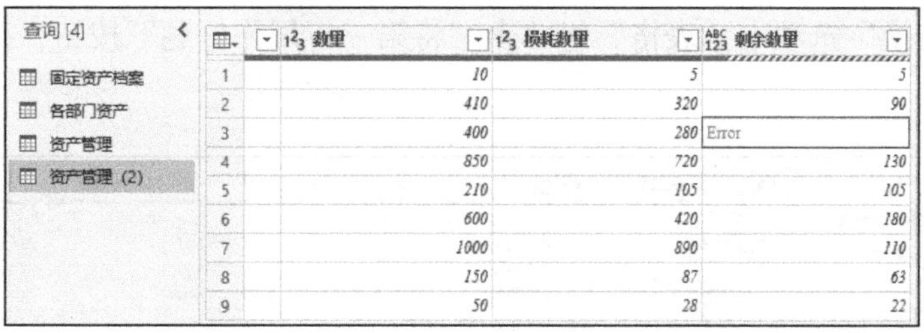

图 3-54　错误值

（4）在错误值所在的列标题上右击，从弹出的快捷菜单中选择"替换错误"命令。在弹出的"替换错误"对话框中，在"值"文本框中输入要替换错误值的值，如图 3-55 所示。

图 3-55　"替换错误"对话框

（5）单击"确定"按钮关闭对话框，即可将错误值替换为指定的值，如图 3-56 所示。

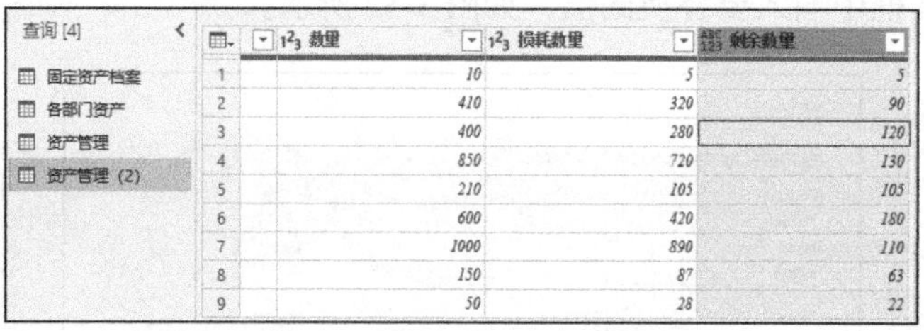

图 3-56   替换错误值的效果

3.3.5   转置行列数据

转置行列数据

如果数据源中的数据加载到 Power BI Desktop 后的行列效果不方便处理，可利用 Power Query 编辑器对数据进行行列转置，将行变换为列，列变换为行。

下面通过转置资产购置费用统计表，演示转置行列数据的操作方法。

（1）将 Excel 数据源中的数据表加载到 Power Query 编辑器。由于源数据中有合并单元格，因此加载的数据中有部分单元格不能正常导入，显示为 null，如图 3-57 所示。

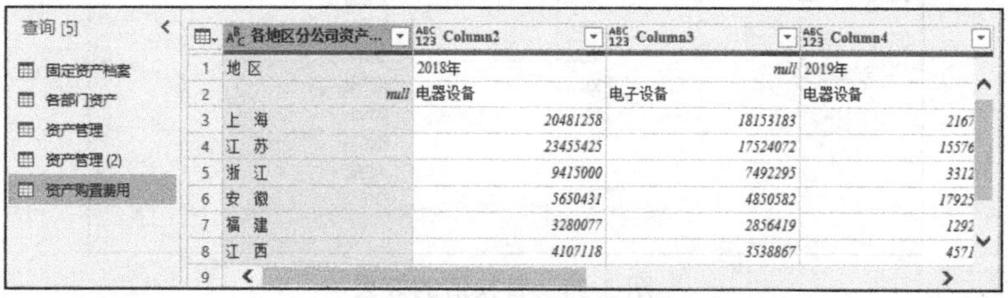

图 3-57   预览加载的数据

（2）在"转换"选项卡"表格"组单击"转置"按钮，将表中的行列进行置换，行变为列，列变为行，如图 3-58 所示。

（3）在"转换"选项卡"表格"组单击"将第一行用作标题"按钮，提升标题行，如图 3-59 所示。

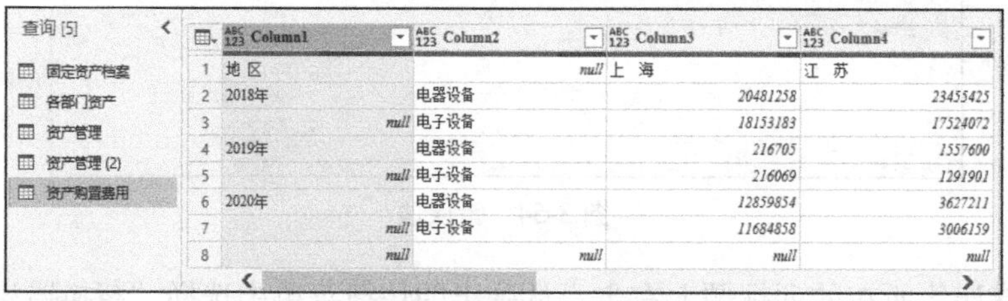

图 3-58   行列转置的效果

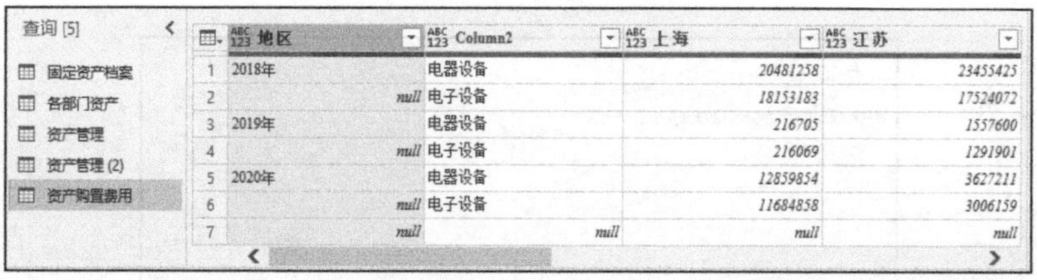

图 3-59   提升标题行

在图中可以看到，导入的数据中最后一行为空行，接下来的步骤删除空行。

（4）切换到"主页"选项卡，在"减少行"组单击"删除行"按钮，然后在弹出的下拉菜单中选择"删除空行"命令，如图 3-60 所示，即可删除数据区域的空行。

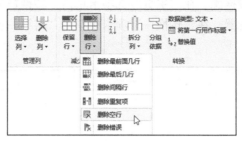

图 3-60　删除空行

（5）在"地区"列标题上右击，从弹出的快捷菜单中选择"填充"→"向下"命令，填充因源数据跨列合并导致的 null 单元格，如图 3-61 所示。

	地区	Column2	上海	江苏
1	2018年	电器设备	20481258	23455425
2	2018年	电子设备	18153183	17524072
3	2019年	电子设备	216705	1557600
4	2019年	电子设备	216069	1291901
5	2020年	电器设备	12859854	3627211
6	2020年	电子设备	11684858	3006159

图 3-61　向下填充相邻单元格

（6）切换到"转换"选项卡，在"表格"组单击"反转行"按钮，反转数据编辑区中的行数据，如图 3-62 所示。

	地区	资产类别	上海	江苏
1	2020年	电子设备	11684858	3006159
2	2020年	电器设备	12859854	3627211
3	2019年	电子设备	216069	1291901
4	2019年	电子设备	216705	1557600
5	2018年	电子设备	18153183	17524072
6	2018年	电器设备	20481258	23455425

图 3-62　反转行数据

3.4　编辑行列数据——订单统计表

将数据导入 Power BI Desktop 之后，利用 Power Query 编辑器可以轻松地管理行列数据。本节简要介绍行列管理中常用的一些操作，例如保留或删除指定范围的行数据、按指定条件对数据进行排序和筛选、根据需要拆分或合并列、提取列中的文本或数据、自定义条件添加列、对数据进行分类汇总，以及追加和合并查询。

3.4.1　查看行数据

如果表中的数据较多，可以通过来回滚动数据编辑区域底部或右侧的滚动条调整窗口进行查看。但这种方式有时会出现能看见前面的内容

查看行数据

却看不见后面的内容，能看见左边的内容却看不见右边的内容的情况。Power Query 编辑器提供了一种更简捷的方法查看行数据。

例如，要查看订单统计表第 6 行的明细数据，可以执行以下操作。

（1）从 Excel 获取数据源，在"主页"选项卡单击"转换数据"按钮，将订单统计表加载到 Power Query 编辑器。在"转换"选项卡中单击"将第一行用作标题"按钮，提升标题，如图 3-63 所示。

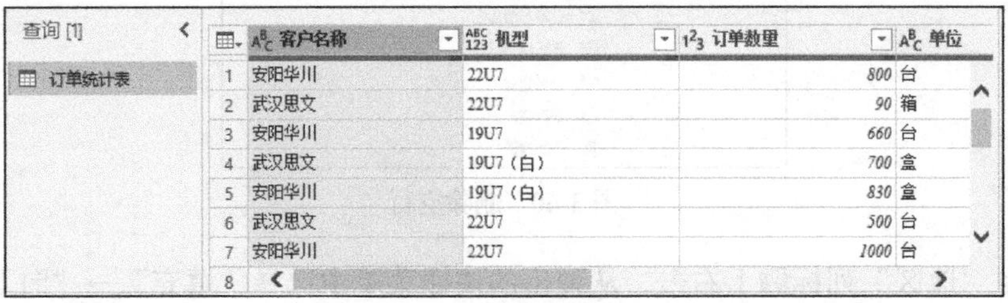

图 3-63 预览数据

（2）在数据编辑区选中要查看行的行号，例如单击行号"6"，即可在数据编辑区下方显示该行所有单元格的数据，如图 3-64 所示。

图 3-64 查看第 6 行的数据

3.4.2 保留、删除行数据

在查看行列规模较大的表数据时，如果要查看某些特定行的数据，可通过保留指定行或删除行的操作仅在数据编辑区显示特定的行。

如果要查看的行数相对来说较少，可选择保留行。在 Power Query 编辑器中选中要查看数据的查询，在"主页"选项卡"减少行"组单击"保留行"下拉按钮，在弹出的下拉菜单中可以选择保留行的方法，如图 3-65 所示。

图 3-65 "保留行"下拉菜单

选择"保留最前面几行"命令，弹出图 3-66 所示的对话框，可以指定要保留的行数。例如指定行数为 5，则仅在数据编辑区显示查询的前 5 行数据，其他行不显示。

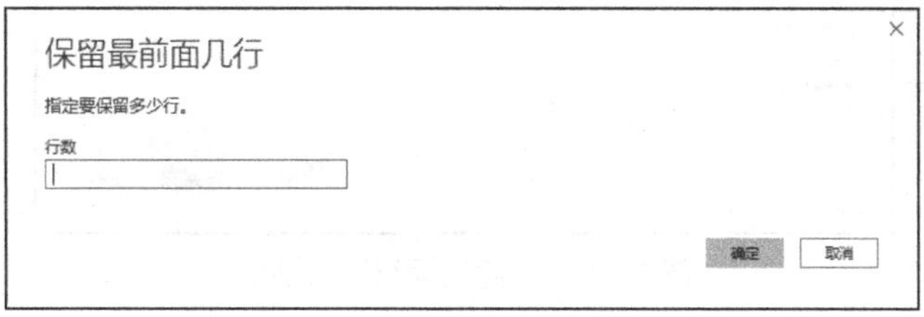

图 3-66　"保留最前面几行"对话框

选择"保留最后几行"命令，在弹出的对话框中指定要保留的行数。例如指定行数为 5，则仅在数据编辑区显示查询的最后 5 行数据，其他行不显示。

选择"保留行的范围"命令，弹出图 3-67 所示的"保留行的范围"对话框。在"首行"和"行数"文本框中分别指定要保留的起始行和要保留的总行数。例如指定首行为 3，行数为 5，则仅在数据编辑区显示从第 3 行开始的 5 行数据，其他行不显示。

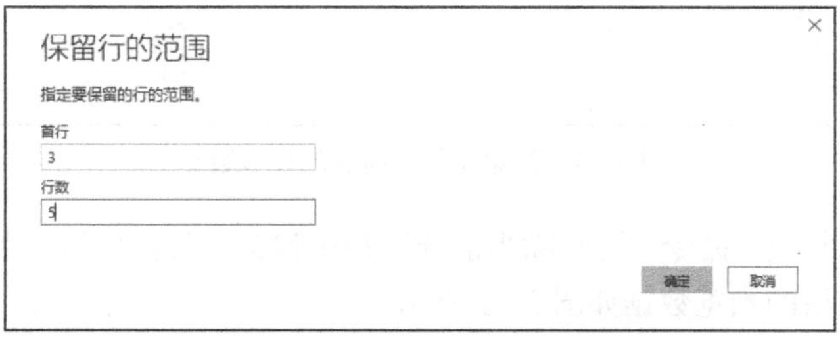

图 3-67　"保留行的范围"对话框

如果要查看的行数相对来说较多，可以选择删除行命令，删除不需要查看的行。在"主页"选项卡"减少行"组单击"删除行"下拉按钮，在弹出的下拉菜单中可以看到，Power Query 编辑器提供了多种删除行的方式，如图 3-68 所示，方便用户快捷查看数据。

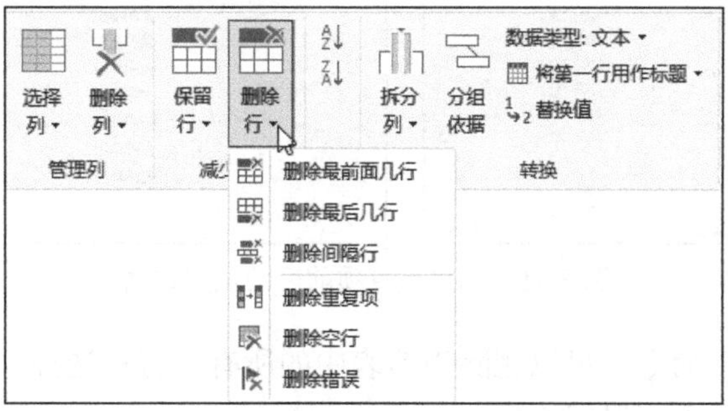

图 3-68　"删除行"下拉菜单

"删除最前面几行"或"删除最后几行"命令与"保留最前面几行"或"保留最后几行"命令类似，可在弹出的对话框中指定行数。

选择"删除间隔行"命令，在图 3-69 所示的对话框中，分别设置要删除的第一行、要删除的行数，以及要保留的行数。

例如，按图 3-69 的设置，单击"确定"按钮关闭对话框后，将从第 6 行开始删除 10 行数据，并保留后面的 3 行数据。删除间隔行前后的效果如图 3-70 所示。

图 3-69　"删除间隔行"对话框

图 3-70　删除间隔行前后的预览数据

　　选择"删除重复项"命令，可删除当前选定列中包含重复值的行。例如，选中"机型"列，删除重复项前后的预览数据如图 3-71 所示。

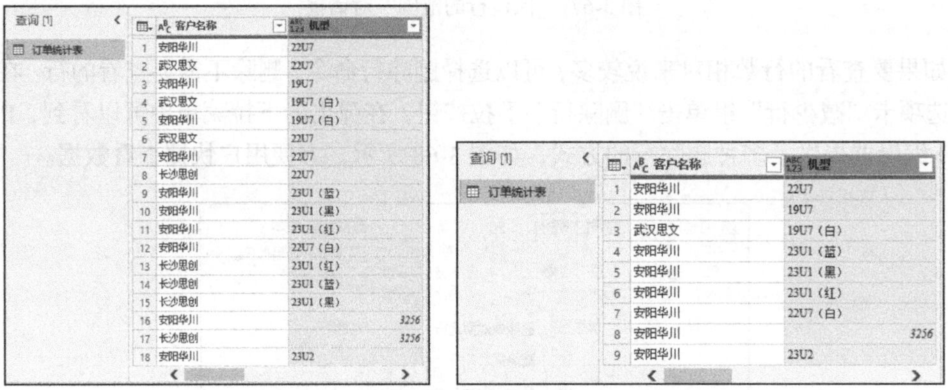

图 3-71　删除重复项前后的预览数据

　　选择"删除空行"命令，可以删除当前表中的所有空行；选择"删除错误"命令，可以删除当前选定列中包含错误值的行。

3.4.3　排序和筛选行数据

　　在 Power Query 编辑器中，对数据进行排序有以下两种常用的操作。
　　（1）选中要排序的列，在"主页"选项卡"排序"组单击"升序排序"按钮 A↓ 或"降序排序"按钮 Z↓。
　　（2）在要排序的列标题中单击右侧的下拉按钮，在展开的对话框中可选择升序排序或降序排序，如图 3-72 所示，然后单击"确定"按钮。

执行以上操作之一，整个表中的数据行即可按照选中列数据升序或降序排列。

对数据进行筛选可查看特定的数据信息。在 Power Query 编辑器中，利用文本筛选器可筛选包含特定文本信息的列数据，使用数字筛选器可筛选指定范围的列数据。

下面通过指定客户名称包含的字符以及订单数量的范围筛选特定的数据行。

（1）单击"客户名称"列标题右侧的下拉按钮，在弹出的对话框中取消选中"全选"复选框，然后选中"武汉思文"复选框，如图 3-73 所示。

图 3-72　在对话框中选择排序方式　　　　　图 3-73　设置筛选条件

（2）单击"确定"按钮，在数据编辑区仅显示客户名称为"武汉思文"的行数据，筛选的列标题右侧的下拉按钮显示为筛选器图标，如图 3-74 所示。

图 3-74　筛选结果

（3）单击列标题右侧的筛选器图标，在展开的列表中选择"清除筛选器"命令，或选中"全选"复选框，即可清除筛选。

如果要使用同一列中的两个条件筛选数据，或者使用两个条件之一对文本内容进行筛选，可以使用自定义筛选功能。例如，要筛选收货地区中包含"南"，且不以"河"开头的行数据，可执行以下操作。

（4）单击"收货地区"列标题右侧的下拉按钮，在弹出的对话框中选择"文本筛选器"→"包含"命令，如图 3-75 所示。

图 3-75　设置文本筛选器

（5）在"筛选行"对话框中的第一个条件中输入要包含的文本"南"，然后选中条件的逻辑关系为"且"，设置第二个条件为"开头不是"，条件值为"河"，如图 3-76 所示。

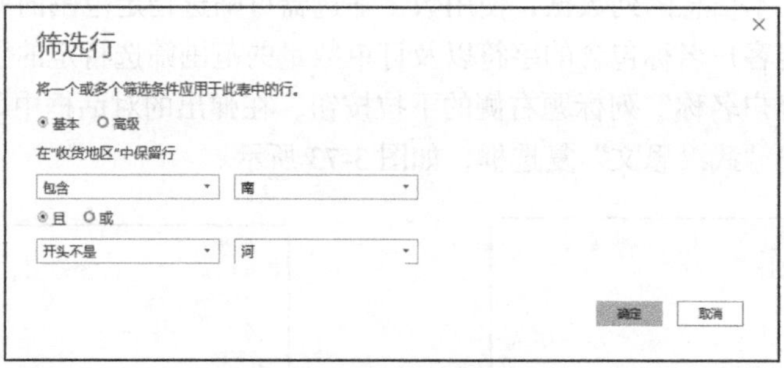

图 3-76　设置筛选条件

条件的逻辑关系为"且"，表示交叉条件，也就是要同时满足两个条件；"或"表示并列条件，也就是只要满足其中一个条件即可。在图中可以看到，使用这种筛选模式对同一列数据，最多只能应用两个筛选条件。

（6）单击"确定"按钮，数据编辑区即可显示同时满足两个指定条件的行数据，如图 3-77 所示。

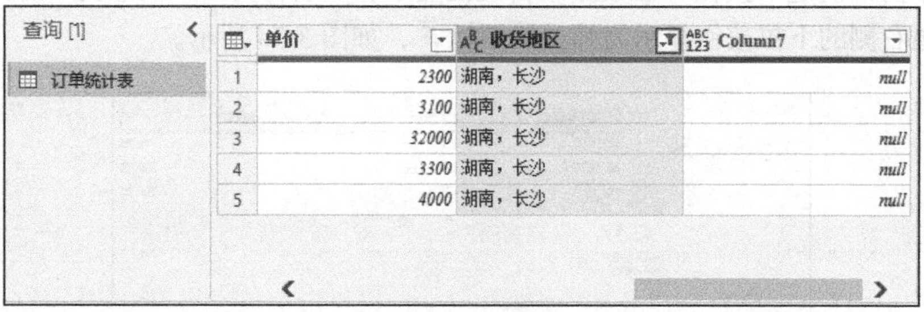

图 3-77　筛选结果

接下来，使用数字筛选器在上一步的结果数据中进一步筛选订单数量大于或等于 500，或者小于或等于 100 的行数据。

（7）单击"订单数量"列标题右侧的下拉按钮，在弹出的对话框中选择"数字筛选器"→"大于或等于"命令，打开"筛选行"对话框。在第一个条件右侧的下拉列表框中输入条件值"500"，然后选中条件的逻辑关系为"或"，设置第二个条件为"小于或等于"，条件值为"100"，如图 3-78 所示。

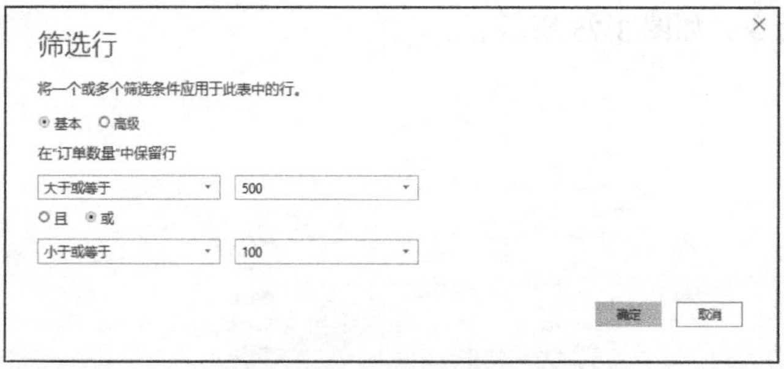

图 3-78　设置筛选条件

（8）单击"确定"按钮关闭对话框，在数据编辑区即可看到筛选结果，如图 3-79 所示。

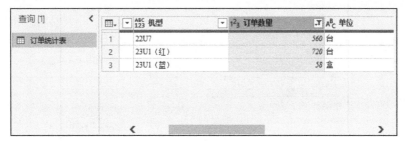

图 3-79 筛选结果

如果要对表中的数据应用两个以上的筛选条件，就要使用高级筛选功能。例如，执行以下操作可以在表中筛选收货地区包含"南"，且开头不是"河"，并且订单数量大于或等于 500 的行数据。

（9）为方便查看效果，先将表恢复到筛选之前的数据。在"查询设置"窗格的"应用的步骤"栏中，删除筛选行的步骤。

（10）单击"收货地区"列标题右侧的下拉按钮，在弹出的对话框中选择"文本筛选器"→"包含"命令，打开"筛选行"对话框。切换到"高级"选项，如图 3-80 所示。

图 3-80 筛选行的高级选项

（11）在第一个条件的"值"文本框中输入"南"；然后设置第二个条件的柱为"收货地区"，运算符为"开头不是"，值为"河"；两个条件的逻辑关系为"且"，如图 3-81 所示。

图 3-81 设置条件

（12）单击"添加子句"按钮，添加一个空白的条件。设置第三个条件的柱为"订单数量"，运算符为"大于或等于"，值为"500"；条件的逻辑关系为"且"，如图 3-82 所示。

（13）单击"确定"按钮关闭对话框，在数据编辑区即可看到使用 3 个筛选条件的查询数据，如图 3-83 所示。

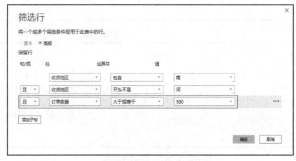

图 3-82　设置筛选条件

图 3-83　高级筛选结果

3.4.4　合并与拆分列

合并与拆分列

　　Power Query 编辑器提供了强大的列数据操作功能，在整理分析数据时，可以将多列数据合并在一起，组成一个新的数据列；也可以根据需要将一个数据列中的信息拆分为多列显示。

　　下面通过合并"订单数量"和"单位"列，然后将"收货地区"列拆分为两列，演示合并与拆分列的操作方法。

　　（1）在 Power Query 编辑器中，按住 Ctrl 键选中要合并的两列数据"订单数量"和"单位"，如图 3-84 所示。

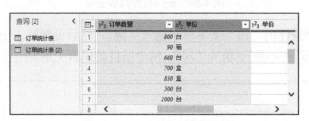

图 3-84　选中要合并的数据列

　　（2）切换到"转换"选项卡，在"文本列"组单击"合并列"按钮，弹出"合并列"对话框。在"分隔符"下拉列表中选择合并后的两列数据之间的分隔方式，本例选择"空格"。在"新列名"文本框中输入合并后的列名称，例如"订购量"，如图 3-85 所示。

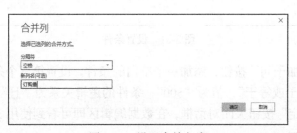

图 3-85　设置合并方式

（3）单击"确定"按钮，即可合并选中的两列，并以新名称显示合并后的列，如图 3-86 所示。

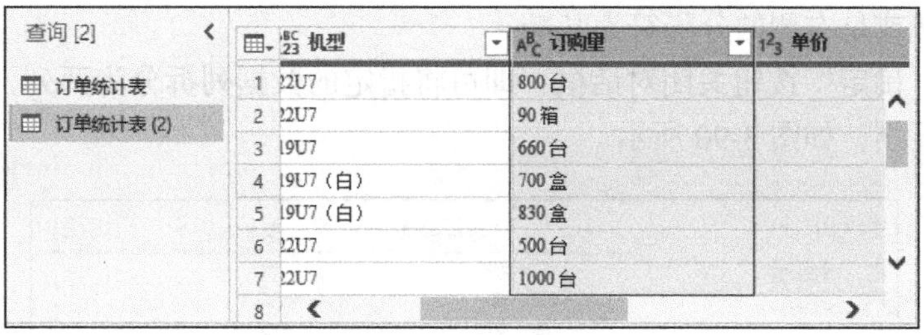

图 3-86　合并列效果

接下来将"收货地区"列拆分为两列。

（4）选中"收货地区"列，在"转换"选项卡"文本列"组单击"拆分列"下拉按钮，在弹出的下拉菜单中可以选择拆分列的方式，如图 3-87 所示。根据列数据值可以选择不同的拆分方式。

图 3-87　"拆分列"下拉菜单

本例中的列数据值使用逗号分隔省份和城市，如图 3-88 所示，可以选择"按分隔符"将收货地区的数据拆分为两列。

（5）在"拆分列"下拉菜单中选择"按分隔符"命令，打开"按分隔符拆分列"对话框。本例选择"自定义"，然后在中文输入状态下输入逗号。"拆分位置"选择"每次出现分隔符时"。展开高级选项，设置拆分为 2 列，如图 3-89 所示。

图 3-88　"收货地区"列数据

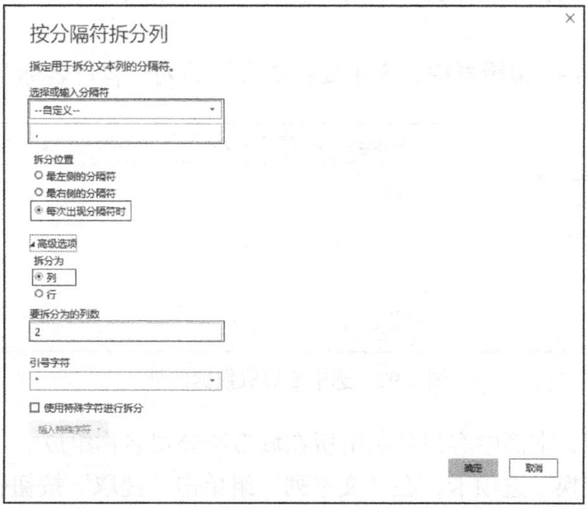

图 3-89　设置拆分选项

　　本例要拆分的列数据中只出现一次分隔符，拆分位置可以任选一个。如果拆分的列数据中出现多次分隔符，则应根据需要选择拆分位置。如果在分隔符第一次出现的位置拆分，还要选择以左侧或是右侧的分隔符为基准。

　　（6）单击"确定"按钮关闭对话框，即可将指定的数据列拆分为两列，并在列标题上添加编号以示区别，如图 3-90 所示。

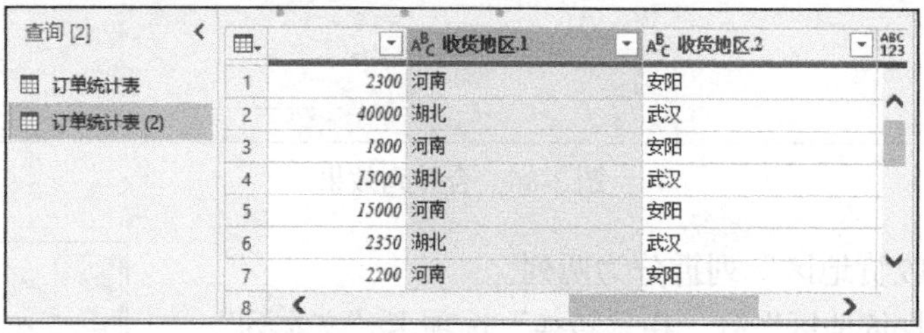

图 3-90　拆分后的列效果

　　（7）双击列标题，进入可编辑状态时重命名列标题，按 Enter 键确认更改，结果如图 3-91 所示。

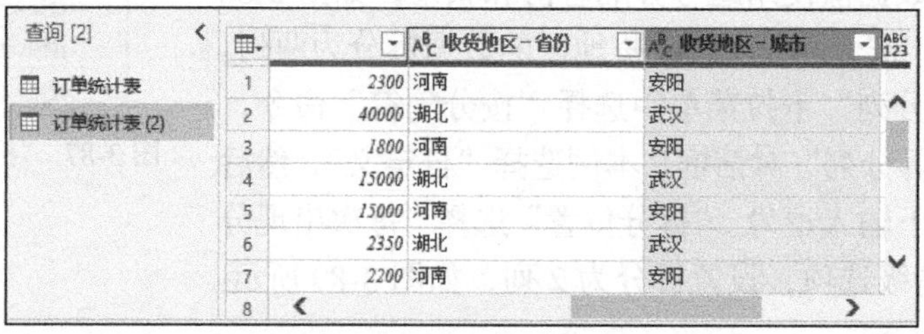

图 3-91　重命名列标题

3.4.5　提取列中的数据

提取列中的数据

　　在编辑行列数据时，如果有些信息可根据已有的列数据提取得到，不仅可节省大量的录入时间，而且能保持数据的一致性，避免录入出错，从而提高工作效率。

　　下面以在"客户名称"列中提取公司名称为例，介绍使用 Power Query 编辑器提供列数据的方法。

　　（1）在 Power Query 编辑器中，选中要提取数据的列"客户名称"，如图 3-92 所示。

图 3-92　选中要提取数据的列

　　在图中可以看到，本例中客户名称由所在城市和公司名称组成。

　　（2）切换到"转换"选项卡，在"文本列"组单击"提取"按钮，在弹出的下拉菜单中可以选择提取数据的方式，如图 3-93 所示。

图 3-93 "提取"下拉菜单

其中，选择"长度"，则计算列数据的字符数，并用计算结果填充原数据列。选择"首字符"或"结尾字符"，则用列数据的第一个字符或最后一个字符填充原数据列。选择"范围"，可使用数据值指定范围的字符填充原数据列。如果列数据值中包含分隔符，则可选择"分隔符之前的文本""分隔符之后的文本""分隔符之间的文本"，表示使用指定位置的文本填充原数据列。

提示：如果不希望提取的数据取代原始数据，可以在"添加列"选项卡"从文本"组单击"提取"按钮，选择提取文本的方式，将自动新建一列放置提取的数据，原数据列保持不变。

（3）选择"范围"命令，打开"提取文本范围"对话框。在"起始索引"文本框中输入开始提取字符的位置，在"字符数"文本框中输入要提取的字符个数，如图 3-94 所示。

图 3-94 设置提取范围

本例的列数据比较简单，公司名称都是从第 2 个字符以后开始，长度均为 2，所以起始索引和字符数均设置为 2。对于较复杂的数据，录入数据值时可以使用分隔符进行分隔，以便后期提取数据。

（4）单击"确定"按钮关闭对话框，在数据编辑区即可看到提取文本数据的效果，如图 3-95 所示。

图 3-95 提取文本数据的效果

除了可方便地提取文本数据，使用 Power Query 编辑器还可以提取日期数据。接下来以提取发货日期中的日为例，介绍提取日期数据的方法。

（5）选中"发货日期"列，如图 3-96 所示。在图中可以看到，该列中的数据以短日期格式显示完整的年月日。

图 3-96　选中"发货日期"列

（6）在"转换"选项卡"日期&时间列"组单击"日期"按钮，从弹出的下拉菜单中选择"天"→"天"命令，如图 3-97 所示，从所选列的日期值中提取日部分。

此时，在数据编辑区可以看到，"发货日期"列的各单元格中的数据值被对应日期的日部分取代，如图 3-98 所示。

图 3-97　选择提取日期的方式　　　　　图 3-98　提取日期的效果

提示：如果不希望提取的数据取代原始数据，而是自动新建一列放置提取的数据，可以在"添加列"选项卡"从日期和时间"组单击"日期"按钮，选择提取日期的方式。

3.4.6　添加列数据

在对数据进行分析时，有时需要在原有数据的基础上添加一些数据辅助分析。在"添加列"选项卡中，可以看到 Power Query 编辑器提供了丰富的添加列功能，可以很便捷地添加重复列、索引列和条件列，还可以自定义列，以及通过示例添加列，如图 3-99 所示。

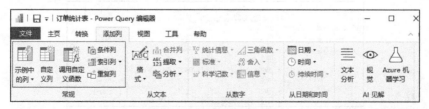

图 3-99　"添加列"选项卡

重复列常用于对列进行复制，然后执行其他操作处理的同时保留原始数据。索引列用于为每行数据添加序号，标记每一行的位置。条件列是指根据指定的条件从列中获取数据并计算，生成一个新列存放结果数据。自定义列则是通过输入计算公式或函数，生成一个新的列。示例中的列是指根据输入的示例数据，从所有列或所选内容生成一个数据列。

下面通过在订单统计表中添加索引列、自定义公式添加"应收货款"列，以及通过 If 函数添加"VIP 等级"列，介绍添加列常用的操作。

（1）在 Power Query 编辑器中切换到"添加列"选项卡，在"常规"组单击"索引列"下拉按钮，弹出图 3-100 所示的下拉菜单，用于选择索引的起始序号。

如果要自定义索引列的序号，选择"自定义"命令，在弹出的"添加索引列"对话框中可指定起始索引和增量。

图 3-100 "索引列"下拉菜单

（2）选择"从 1"命令，即可在表的最右侧添加一个标题为"索引"的新列，从 1 开始编号，增量为 1。在"索引"列标题上右击，从弹出的快捷菜单中选择"移动"→"移到开头"命令，将添加的列移到表的最左侧，如图 3-101 所示。

图 3-101 添加索引列并移到开头

（3）选中"订购量"列，在"转换"选项卡"文本列"组单击"拆分列"命令，设置分隔符为空格，将选中列拆分为 2 列，然后分别命名为"订购数量"和"单位"。

提示：为演示合并列的操作，在之前的步骤中合并了"订购数量"和"单位"列，合并后的列数据中有分隔符和文本（例如在图 3-86 中，数值和单位之间有空格），如果不拆分，在接下来的数值计算步骤中会出错。

（4）在"添加列"选项卡"常规"组单击"自定义列"按钮，打开"自定义列"对话框。设置新列名为"应收货款"，在"可用列"列表框中选中"订购数量"，单击"插入"按钮添加到"自定义列公式"文本框中。然后通过键盘输入英文状态下的*号，在"可用列"列表框中选中"单价"，单击"插入"按钮。"自定义列公式"框中即可填充相应的计算公式，如图 3-102 所示。

图 3-102 自定义列公式

公式由一个或多个列标题、值和数学运算符构成。如果公式中有括号,必须在英文状态或者是半角中文状态下输入。

注意:公式总是以 "=" 开头,不能删除。

---

(5)单击"确定"按钮关闭对话框,即可在表的最右侧添加一个名为"应收货款"的列,并填充计算结果。在列名上按下左键拖动到"单价"列右侧,如图 3-103 所示。

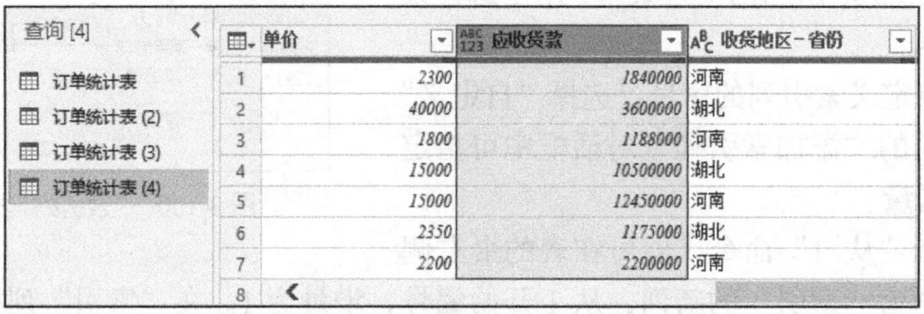

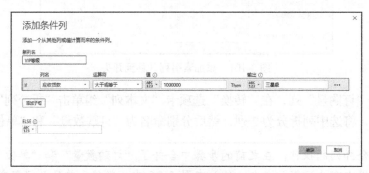

图 3-103　添加自定义列"应收货款"

(6)在"添加列"选项卡"常规"组单击"条件列"按钮,打开"添加条件列"对话框。输入新列名"VIP 等级",然后在 If 函数后依次选择列名、运算符和值,在"输出"文本框中指定满足条件时的数据值"三星级",如图 3-104 所示。

图 3-104　设置条件

(7)单击"添加子句"按钮,依次设置列名、运算符、值和输出。然后在 ELSE 函数右侧的文本框中输入以上两个条件都不满足时输出的值,如图 3-105 所示。

图 3-105　添加子句

(8)单击"确定"按钮关闭对话框,即可在表的最右侧添加"VIP 等级"列,并根据应收货款的范围划分 3 个等级,如图 3-106 所示。

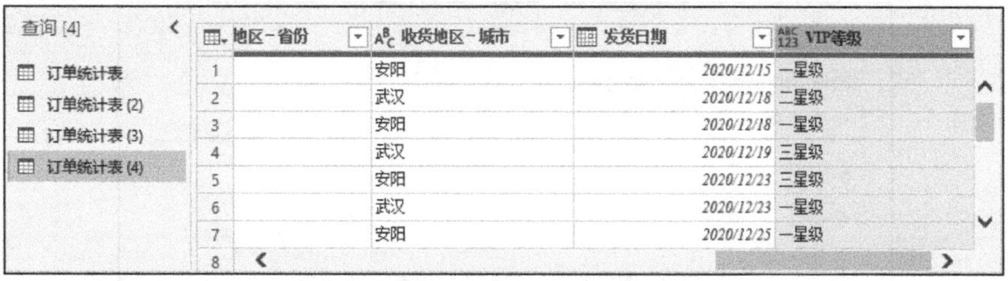

查询 [4]
订单统计表
订单统计表 (2)
订单统计表 (3)
订单统计表 (4)
地区-省份
收货地区-城市
发货日期
VIP等级
1 安阳 2020/12/15 一星级
2 武汉 2020/12/18 二星级
3 安阳 2020/12/18 一星级
4 武汉 2020/12/19 三星级
5 安阳 2020/12/23 三星级
6 武汉 2020/12/23 一星级
7 安阳 2020/12/25 一星级
8

图 3-106 添加条件列“VIP 等级”

3.4.7 分类汇总

分类汇总

在对数据进行分析时，有时需要根据某个字段对数据进行分类汇总。下面通过对客户名称进行分组，汇总计算各个客户的货款总额和订单数量。

（1）在 Power Query 编辑器中切换到“转换”选项卡，在“表格”组单击“分组依据”按钮，打开图 3-107 所示的“分组依据”对话框。

分组依据
指定分组所依据的列以及所需的输出。
基本
高级
索引
新列名
操作
柱
计数
对行进行计数
确定
取消

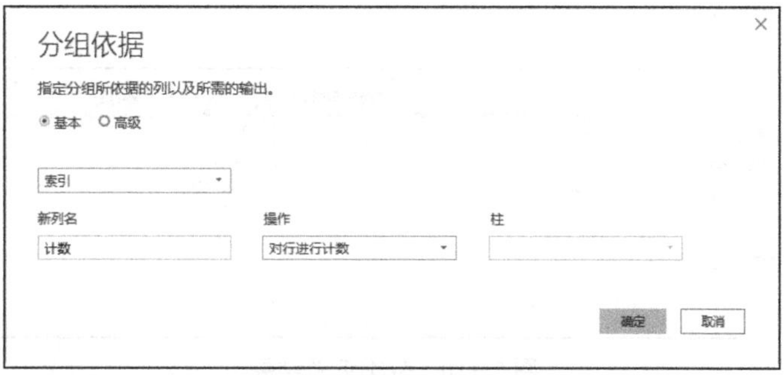

图 3-107 “分组依据”对话框

在该对话框中可指定一个字段对数据进行简单分类汇总，如果要分组的字段不止一列，则选中“高级”单选按钮，进行高级分类汇总。

（2）选中“高级”单选按钮，设置分组依据为“客户名称”，分类汇总生成的新列名为“货款总计”，操作（汇总方式）为“求和”，柱为“应收货款”，如图 3-108 所示。

分组依据
指定要按其进行分组的列以及一个或多个输出。
基本
高级
客户名称
添加分组
新列名
操作
柱
货款总计
求和
应收货款
添加聚合
确定
取消

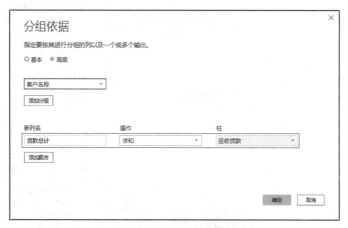

图 3-108 设置分组依据

（3）单击“添加聚合”按钮，指定新列名为“订单计数”，操作为“对行进行计数”，如图 3-109 所示。

图 3-109   添加聚合

（4）单击"确定"按钮关闭对话框，在数据编辑区可查看各个客户的货款总额和订单
数量，如图 3-110 所示。

	ABC 客户名称	1.2 货款总计	1²3 订单计数
1	华川	26885000	10
2	思文	15275000	3
3	思创	6612400	5

查询 [5]
- 订单统计表
- 订单统计表 (2)
- 订单统计表 (3)
- 订单统计表 (4)
- 订单统计表 (5)

图 3-110   分类汇总结果

3.5   本章小结

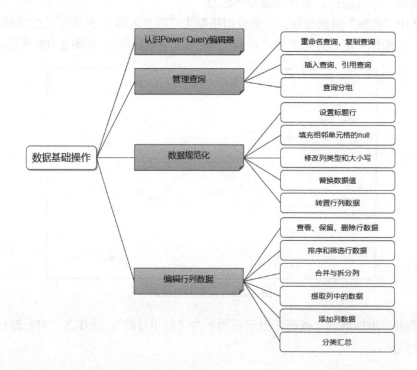

第4章　数据分析模型

在 Power BI Desktop 中，可以对多个表格、多种来源的数据，根据不同的维度、不同的逻辑做聚合分析。而分析的前提是建立这些数据表之间的关系，这个建立关系的过程就是建立数据分析模型的过程，简称数据建模。

在建模过程中，如果模型中已有的值、列或表不利于关系的建立或不符合分析需要，还可以通过 DAX 创建度量值、计算列及新表。

4.1　管理数据——商品订购单

管理数据通常在数据视图和关系视图中进行。数据视图用于编辑、显示数据表数据，关系视图用于查看和管理数据表之间的关系。

4.1.1　认识数据视图

在数据视图中看到的数据是已加载到模型中的数据效果，除了可以显示数据外，还可以在其中添加度量值、创建新列，有助于检查、浏览模型中的数据。

在 Power BI Desktop 工作界面的侧边栏中单击"数据"按钮 ，即可切换到数据视图，如图 4-1 所示。

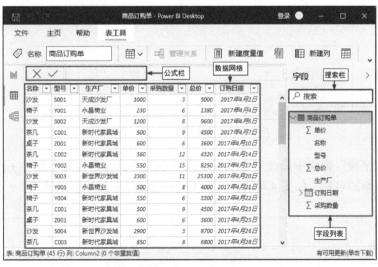

图 4-1　数据视图

标题栏下方是建模功能区，提供了修改列名、格式化数据类型、新建度量值、创建计算列和表等功能。

功能区下方是数据视图中的工作区，主要由以下 4 个部分构成。

（1）数据网格：使用表格形式显示当前数据表中的数据，可以选中单个单元格，也可以选中一列。

（2）公式栏：位于数据网格上方，用于输入度量值和计算列的数据分析表达式（DAX）。

（3）搜索栏：位于"字段"窗格顶部，可在模型中搜索加载的表或列。

（4）字段列表：位于搜索栏下方，通过单击可以很方便地在数据网格中选中要查看的表或列。

窗口底部的状态栏显示当前表的名称、总行数、当前列名称以及当前列中的非重复值个数等信息。

4.1.2 修改列名称

在数据视图中修改列名称的方法有多种，下面简要介绍常用的几种方法。

（1）在功能区修改。单击要修改列名的数据列中的任一单元格，在功能区"结构"组的"名称"文本框中输入新的列名，如图 4-2 所示，按 Enter 键，即可修改列名。

图 4-2　在功能区修改列名

（2）在数据网格中修改。双击要修改名称的列，列名变为可编辑状态时，输入新的列名，如图 4-3 所示，按 Enter 键或单击其他区域确认。

图 4-3　在数据网格中修改列名

（3）在"字段"窗格中修改。在字段列表中双击要修改名称的字段，字段变为可编辑状态时，输入新的名称，如图 4-4 所示，按 Enter 键或单击其他区域确认。

图 4-4　在"字段"窗格中修改列名

（4）利用快捷菜单命令修改。在数据网格中右击要修改列名的数据列中的任一单元格，或在"字段"窗格的字段列表中右击要修改名称的字段，在弹出的快捷菜单中选择"重命名"命令，列字段变为可编辑状态，输入新的列名。按 Enter 键或单击其他区域确认。

4.1.3　格式化数据

格式化数据

在数据视图中，可以很方便地修改数据列的数据类型和显示格式。

（1）单击要进行格式化的列，在功能区"列工具"选项卡"结构"组的"数据类型"下拉列表中可以选择新的数据类型，如图 4-5 所示。

（2）在"格式化"功能组的"格式"下拉列表中可以选择数据的显示格式，如图 4-6 所示。

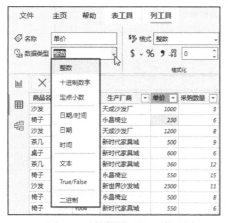

图 4-5　"数据类型"下拉列表

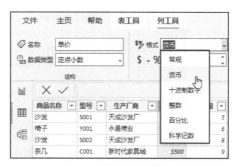

图 4-6　"格式"下拉列表

设置显示格式后，利用"格式"下拉列表框下方的格式功能按钮，还可以进一步设置显示方式，例如货币符号、百分比、千位分隔符和小数位数。

4.1.4　刷新数据

Power BI Desktop 连接数据源获取数据时，如果数据有更改，通过刷新才能获取最新的数据。

如果要刷新模型中的单个数据表，在"字段"窗格中右击数据表名，从弹出的快捷菜单中选择"刷新数据"命令，如图 4-7 所示。也可以在数据网格中右击，利用快捷菜单中的"刷新数据"命令刷新当前表数据。

如果要刷新模型中的所有数据表，在"主页"选项卡的"查询"功能组单击"刷新"按钮。

图 4-7　选择"刷新数据"命令

4.2　管理数据关系——工资台账

在分析数据时，往往要利用多个数据表中的数据及其关系来完成一些复杂的数据分析任务，这就要求在数据建模时创建数据表之间的关系，并对关系进行管理，以满足实际的工作需要。

4.2.1   认识关系视图

在 Power BI Desktop 中，利用关系视图可以很方便地查看模型中的所有表、列和关系，创建关系，并对关系进行管理。

在 Power BI Desktop 工作界面的侧边栏中单击"关系"按钮 ，即可切换到关系视图，如图 4-8 所示。

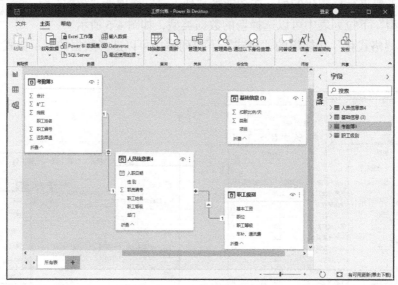

图 4-8   关系视图

将鼠标指针移到关系上，关系线高亮显示，关联表之间的关联列突出显示，如图 4-9 所示。

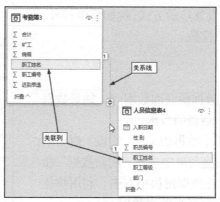

图 4-9   查看关联列

关系线两端是基数，表示"从"和"到"相关列的数据特征，也就是两个关联表之间关联列的匹配关系。"一"侧表示该列包含唯一值；"多"侧表示该列可以包含重复值。Power BI Desktop 常用的基数有以下两种。

（1）一对一（1∶1）：两个表中的关联列中的值是一一对应的关系，意味着两个列都包含唯一值。例如，图 4-9 中表"考勤簿 3"和"人员信息表 4"，按"职工姓名"列建立的关系就是一对一的关系。

（2）多对一（＊∶1）：主表中的关联列有多个值与查找表的关联列中的一个值相匹配。

例如图 4-10 中，"职工级别"表中的"职工等级"只出现一次，但在"人员信息表 4"中，每个职工都有对应的等级，因此，"职工等级"会出现多次。

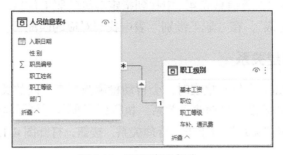

图 4-10 匹配关系多对一

除了以上两种常用的数据匹配关系，还有一种关系线为虚线的数据关系，表示不可用（或非活动）的关系。如图 4-11 所示，表"考勤簿 3"和"浮动工资 2"之间虽然有名称和数据类型相同的列，但它们之间的关系线显示为虚线，表示无法在这两个表之间创建直接可用关系。

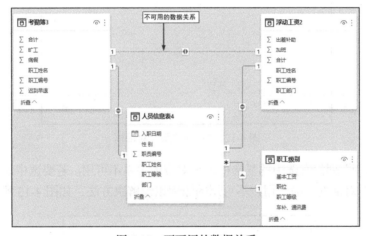

图 4-11 不可用的数据关系

提示：在 Power BI Desktop 关系视图中，活动关系用实线表示，非活动关系用虚线表示。两个表之间只能有一条活动的筛选器传播路径。虽然可以引入其他关系路径，但必须将这些关系都配置为非活动状态。

关系线中间显示交叉筛选器方向，用于指定根据关联列在一个表中查找另一个表中的匹配行的方式，决定筛选器的传播方向。

（3）"双向"交叉筛选器：在关系线中显示为 ⬍，表示根据关联列，从关联的两个表中的任意一个表都能查找另一个表中的匹配行。例如在图 4-8 中，可根据表"考勤簿 3"中的"职工姓名"，在"人员信息表 4"中找到对应的职工信息；也能根据"人员信息表 4"中的"职工姓名"，在"考勤簿 3"中找到对应的职工考勤信息。

提示：双向关系可能会对性能产生负面影响。此外，尝试配置双向关系可能会导致筛选器传播路径不明确。在这种情况下，Power BI Desktop 可能无法提交关系更改，并显示错误警告。建议仅在需要时使用双向筛选。

（4）"单向"交叉筛选器：在关系线中显示为 ▲ 或 ▲，表示只能从一个表根据关联列查找另一个表中的匹配行，反之不行。例如在图 4-8 中，可在表"职工级别"中，根据关联列"职工等级"，在"人员信息表 4"中找到指定等级的职工信息，但不能在"人员信息表 4"中根据"职工等级"，在"职工级别"表中找到对应的匹配行。

4.2.2　自动检测创建关系

在 Power BI Desktop 中打开报表时，会自动检测数据表之间的关系，并自动设置基数和交叉筛选器方向。如果没有自动建立关系，执行以下步骤可自动检测数据表创建关系。

在"主页"选项卡"关系"组单击"管理关系"按钮，打开图 4-12 所示的"管理关系"对话框。

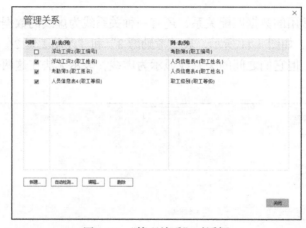

图 4-12　"管理关系"对话框

其中，"可用"列没有选中的复选框表示对应的关系不可用。若要选中该复选框，则弹出"关系激活"对话框，提示用户不可用的原因以及解决方法，如图 4-13 所示。

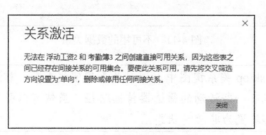

图 4-13　"关系激活"对话框

单击"自动检测"按钮，即可弹出"自动检测"对话框，开始检测关系。通常情况下，如果两个表存在名称和数据类型都相同的列，Power BI Desktop 会自动将该列作为关联列，为两个表建立关系。

手动创建关系

4.2.3　手动创建关系

如果 Power BI Desktop 没有自动为数据表创建关系，用户可以在图 4-12 所示的"管理关系"对话框或关系视图中手动创建关系。下面分别进行介绍。

1. 在"管理关系"对话框中创建关系

例如，要在表"浮动工资 2"和"工资台账（2）"之间创建关系，可以执行以下操作。

（1）在图4-12中，单击"新建"按钮，打开"创建关系"对话框。

（2）在第一个下拉列表框中选中"浮动工资2"，并单击"职工编号"列设置为关联列。

（3）在第二个下拉列表框中选中"工资台账（2）"，并单击"职员编号"列设置为关联列。

（4）分别设置基数和交叉筛选器方向，如图4-14所示。

图4-14 "创建关系"对话框

（5）设置完成，单击"确定"按钮关闭"创建关系"对话框，并返回到"管理关系"对话框。在关系列表中可以看到创建的关系。

2. 在关系视图中创建关系

在关系视图中，只需要将一个表中的关联列拖放到另一个表的关联列上，即可创建关系。例如，将表"人员信息表4"中的"职员编号"列拖到表"浮动工资2"的"职工编号"列，如图4-15所示。释放鼠标，即可在两个表之间创建关系，并自动设置基数和交叉筛选器方向，如图4-16所示。

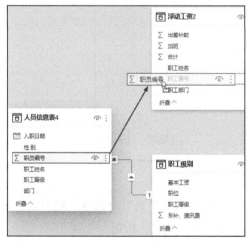

图4-15 拖动关联列

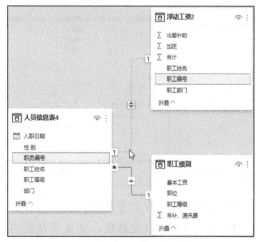

图4-16 查看关联表的关联列

4.2.4 编辑关系

编辑关系的操作与创建关系基本相同，可以在"管理关系"对话框或关系视图中进行。

编辑关系

在"主页"选项卡"关系"组单击"管理关系"按钮，打开"管理关系"对话框。在关系列表中选中要编辑的关系，单击"编辑"按钮，如图 4-17 所示，打开图 4-18 所示的"编辑关系"对话框，修改关联表和列，以及关系属性，然后单击"确定"按钮。

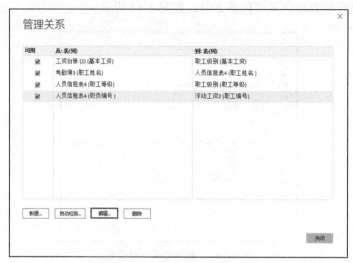

图 4-17 "管理关系"对话框

图 4-18 "编辑关系"对话框

在关系视图中双击关系线，也可打开图 4-18 所示的"编辑关系"对话框，根据需要修改关联的表和列，以及基数、交叉筛选器方向，然后单击"确定"按钮。

如果要删除关系，在"管理关系"对话框的关系列表中选中关系，然后单击"删除"按钮。也可以右击关系线，在快捷菜单中选择"删除"命令，删除指定的关系。

4.3 数据分析表达式——销售业绩分析表

数据分析表达式（Data Analysis Expression，DAX）是由可用于计算并返回一个或多个值的函数、运算符或常量构成的库。DAX 包含一些在 Excel 公式中使用的函数，还包含其他用于处理关系数据和执行动态聚合的函数，这些函数和运算服务可根据需要进行组合。为新列创建 DAX 时，将计算表中每一行的结果，如果刷新基础数据或修改数据值，自动重新计算列值。也就是说，DAX 可帮助用户通过模型中已有的数据创建新的数据信息。

4.3.1 DAX 语法规则

DAX 是一种专为数据模型及商业智能计算而设计的公式语言，通过公式完成计算。在 Power BI Desktop 中，利用公式可创建度量值、列和表，用公式创建的列和表分别称为计算列和计算表。

DAX 语法规则，是指 DAX 的编写方式。一个 DAX 通常包括组成公式的各种元素，例如度量值、等号、函数、运算符、列引用等。图 4-19 是一个简单的 DAX。

图 4-19   DAX 示例

（1）度量值。度量值通常用于表示单个的值，类似于全局标量，作用域为整个报表，还可当作参数用于其他公式，使计算公式和模型更有效率。

> 提示：在 DAX 中，度量值、列和表的名称不区分大小写。度量值作为参数被引用时，应包括在方括号[]中。

（2）等号（=）。等号运算符（=）表示公式的开头，等号右侧为公式的计算表达式，完成计算后将结果返回给度量值。

（3）函数。函数是预编写的公式，用于执行某种特定的计算功能，能够简化复杂计算。

（4）括号。大多数函数都至少需要一个参数用于将值传递给函数，参数应包含在括号中。

（5）引用表。使用英文单引号引用表名，表明计算使用的列数据所属的数据表。

同一个表中引用的列不需要在公式中包含表名，但是笔者建议即使在同一表中，最好也包含表名，以避免误解。

（6）引用列。使用方括号[]引用列名，表明用于计算的数据列。

如果引用列不属于当前数据表，必须用数据表名称进行限定，也就是添加引用表。

在复杂的计算问题中，还会涉及 DAX 的组合应用，公式中会包含多个函数、多种运算符和常量。

4.3.2 运算符

DAX 支持的运算符包括算术运算符、比较运算符、字符串连接运算符和逻辑运算符。下面简要介绍这 4 种类型的运算符。

1. 算术运算符

算术运算符如表 4-1 所示，通常用于完成基本的数学运算。

表 4-1 算术运算符列表

算术运算符	含 义	示 例
+	加法运算	6+3
−	减法运算、负数	5−4、−1
*	乘法运算	3*7
/	除法运算	15/3
%	百分比	20%
^	幂运算	6^2

2. 比较运算符

比较运算符如表 4-2 所示，用于比较两个操作数，结果为逻辑值 True 或 False。

表 4-2 比较运算符列表

比较运算符	含 义	示 例
=	等于	[年龄]=35
>	大于	[等级]>3
<	小于	[得分]<60
>=	大于或等于	[销量]>=100
<=	小于或等于	[单价]<=150
<>	不相等	[姓名]<>"Judy"

3. 字符串连接运算符

字符串连接运算符如表 4-3 所示，使用符号 (&) 连接一个或多个字符串以产生一串文本。

表 4-3 字符串连接运算符

字符串连接运算符	含 义	示 例
&	将两个文本值连接起来生成一个连续的文本值	"Power"&"BI"="PowerBI"

4. 逻辑运算符

逻辑运算符如表 4-4 所示，用于执行逻辑判断，结果为逻辑值 True 或 False。

表 4-4 逻辑运算符

逻辑运算符	含 义	示 例
&&	逻辑与，运算符两侧的两个操作数的值都为逻辑值 True 时，运算结果为 True，否则为 False	[单价]<=150 && [销量]>=100
||	逻辑或，运算符两侧的两个操作数的值只要有一个为逻辑值 True，运算结果为 True，否则为 False	[单价]<=150 || [销量]>=100

如果公式中同时用到了多个运算符，DAX 按表 4-5 所示的优先级顺序（从高到低）进行运算。如果公式中包含相同优先级的运算符，则从左到右进行运算。

表 4-5 公式中运算符的优先级

运算符	说 明
^	求幂
%	百分比
−	负号
* 和 /	乘和除
+ 和 −	加和减
&	连接两个文本字符串（连接）
=、<、>、<=、>=、<>	比较运算符
&& 和 ||	逻辑运算符

4.3.3 类型转换

在公式中，每个运算符都需要特定类型的数值与之对应。在数据视图中选中一个字段，在"列工具"选项卡"结构"组中的"数据类型"下拉列表中可以查看数据类型，如图 4-20 所示。

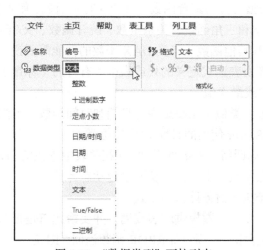

图 4-20 "数据类型"下拉列表

如果输入的数据类型与所需的类型不一致，DAX 可能会自动将数据进行隐式的数据类型转换，如表 4-6 所示。

表 4-6 公式中的数据类型转换

公 式	产生结果	说 明
="3"+"9"	"12"	使用加号时，DAX 会认为公式中的运算项为数字。虽然公式中使用引号说明"3"和"9"是文本型数值，但是 DAX 会自动将它们转换为数字
="$2.00"+3	5	当公式中需要数字时，DAX 会将其中的文本项自动转换成数字
="TEXT"&TRUE	TEXTTRUE	需要文本时，DAX 会将数字和逻辑型数据转换成文本

4.3.4　参数命名约定

为便于使用和理解函数，DAX 对内置函数的参数命名进行了约定，如表 4-7 所示。

表 4-7　DAX 函数主要参数的命名约定

参　数	说　明
expression	返回单个标量值的 DAX，计算次数根据上下文确定
value	返回单个标量值的 DAX，在执行所有其他操作之前只计算一次
table	返回数据表的 DAX
tableName	使用标准 DAX 语法的现有表的名称，不能是表达式
columnName	使用标准 DAX 语法的现有列的名称，通常采用完全限定的名称，不能是表达式
name	字符串常量，用于提供新对象的名称
order	确定排序顺序的枚举常量
ties	确定如何处理等同值的枚举常量

4.3.5　DAX 函数

DAX 中的函数按类型可分为聚合函数、日期和时间函数、筛选器函数、财务函数、信息函数、逻辑函数、数学和三角函数、关系函数、统计函数、父/子函数、表操作函数、文本函数、时间智能函数和其他函数。各类 DAX 函数的功能简要说明如下。

- 聚合函数：计算由表达式定义的列或表中所有行的（标量）值，例如计数、求和、平均值、最小值或最大值。
- 日期和时间函数：类似于 Excel 中的日期和时间函数，不同的是，DAX 函数基于 Microsoft SQL Server 使用的日期/时间数据类型。
- 筛选器函数：可返回特定的数据类型、在相关表中查找值，以及按相关值进行筛选。筛选函数允许操作数据上下文，从而创建动态计算。
- 财务函数：用于执行财务计算的公式。
- 信息函数：查找作为参数提供的表或列，并反馈此值是否与预期类型匹配。例如，如果引用的值包含错误，则 ISERROR 函数返回 TRUE。
- 逻辑函数：返回表达式中有关值的信息。
- 数学和三角函数：类似于 Excel 中的数学和三角函数，不同的是，DAX 函数使用的数值数据类型有所不同。
- 关系函数：用于管理和使用表之间的关系。
- 统计函数：计算与统计分布和概率相关的值，如标准偏差和排列数。
- 父/子函数：帮助用户管理数据模型中显示为父/子层次结构的数据。
- 表操作函数：返回一个表或操作现有表。
- 文本函数：返回字符串的一部分、搜索字符串中的文本或连接字符串值，以及用于控制日期、时间和数字的格式。
- 时间智能函数：创建使用日历和日期的相关内置信息的计算。
- 其他函数：执行无法由其他大多数函数的类别定义的唯一操作。

虽然 DAX 函数中有很多与 Excel 函数相同，但相比较而言，DAX 函数应用范围更广、更灵活，在很多方面有其独特的功能。所以熟悉 Excel 函数的用户有必要了解一下 DAX 函数的特点，以及它与 Excel 函数的区别。

（1）不同于 Excel 函数可引用单元格或单元格区域，DAX 函数始终引用整列或整个表。如果要引用表或列中的某个特定单元，应为公式添加筛选器。

（2）如果要逐行自定义计算，DAX 允许将当前行的值或关联值用作参数，以便执行因上下文而变化的计算。

提示：上下文是指公式的计算环境，分为行上下文和筛选上下文。行上下文指当前行，筛选上下文是作用于表的筛选条件。

（3）DAX 提供返回计算表的函数，计算表虽然不显示，但可以用作其他参数的参数。

（4）DAX 提供时间智能函数，可以定义或选择日期范围，并基于此范围执行动态计算。

4.3.6 创建度量值

在 Power BI Desktop 中，度量值是用 DAX 创建的一个字段，该字段名称显示在"字段"窗格中，但没有实际数据。创建度量值不会改变源数据，在使用度量值创建视觉对象时才会执行计算。

下面以"销售业绩表"中创建度量值"总销售额"为例，介绍创建度量值的方法。

（1）在数据视图的"字段"窗格中选中"销售业绩表"，然后在"表工具"选项卡单击"新建度量值"按钮，在公式栏中可以看到自动指定的度量值名称和等号，"字段"窗格中显示创建的度量值名称，如图 4-21 所示。

图 4-21　新建度量值

默认的度量值名称为"度量值"，用户可以根据需要重命名为便于识别的名称。

（2）将度量值名称修改为"总销售额"，然后切换到英文输入状态，在等号后输入求和函数 SUM，此时 Power BI Desktop 会自动显示相应的函数列表以及函数说明，如图 4-22 所示。

SUM 函数用于对指定列中的数值进行求和。

（3）双击需要的函数，公式中自动添加括号"("，并显示当前表中的相关字段列表，如图 4-23 所示。

图 4-22　输入函数

图 4-23　显示数据字段列表

（4）双击需要的字段，然后输入英文状态下的反括号"）"，完成公式的输入，如图 4-24
所示。

图 4-24　输入的公式

提示：如果创建度量值的公式很长，可以按 Shift+Enter 或 Alt+Enter 组合键换行。

（5）按 Enter 键，或单击公式栏上的 ☑ 按钮，即可创建度量值。此时在"字段"窗格
中可以看到创建的度量值，如图 4-25 所示。

图 4-25　创建的度量值

创建的度量值还可以作为其他度量值的参数。例如，假设总成本为 X，可以利用公式（利润 = [总销售额] − X）创建一个新的度量值"利润"。

4.3.7　创建计算列

如果数据表不包含需要的字段，可利用已有的字段创建计算列，生成需要的字段，并将相应的数据添加到已有的数据表中。

下面以在"销售业绩表"中创建数据列"销售等级"为例，介绍创建计算列的方法。

（1）在数据视图的"字段"窗格中选中"销售业绩表"，然后在"表工具"选项卡单击"新建列"按钮⊞，在公式栏中可以看到自动指定的列名称和等号，数据网格区添加了指定名称的列，"字段"窗格中显示创建的列名称，如图 4-26 所示。

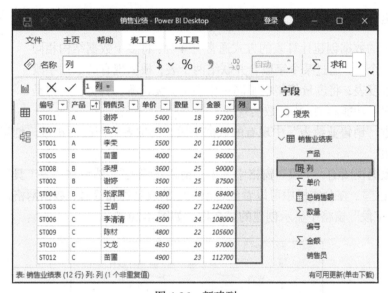

图 4-26　新建列

（2）修改列名为"销售等级"，然后在等号后输入 IF 函数和参数：销售等级 = IF([金额]>=100000,"***",IF([金额]>=80000,"**","*"))，如图 4-27 所示。

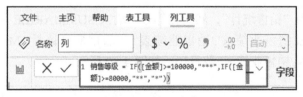

图 4-27　输入公式

IF 函数的语法格式如下：

```
IF(<logical_test>,<value_if_true>,value_if_false)
```

它用于对表达式执行逻辑计算，如果条件 logical_test 为 True，则返回值 value_if_true；否则返回值 value_if_false。因此，本例输入的公式表示，如果"金额"列的值大于或等于 100000，则对应的字段值为"***"；如果小于 100000，大于或等于 80000，则对应的字段值为"**"；否则对应的字段值为"*"。

（3）公式输入完毕后，按 Enter 键即可利用指定的公式创建计算列，如图 4-28 所示。

图 4-28　创建的计算列

4.3.8　创建计算表

创建计算表

利用已有的数据创建计算表的方式通常有 4 种：将多个数据结构相同的表合并为一个表；通过某个字段合并联结两个表；根据现有的数据字段提取需要的维度表；将度量值集中于同一个表中。无论哪一种方式，都是结合"新建表"功能和 DAX 函数实现的。

下面根据"销售业绩表"中现有的数据字段，提取各类产品的销量，创建一个"销售统计"计算表。

（1）在数据视图的"字段"窗格中选中"销售业绩表"，然后在"表工具"选项卡单击"新建表"按钮▦，在公式栏中可以看到自动指定的表名称和等号，数据网格区添加了默认名称的列，"字段"窗格中显示创建的表名称，如图 4-29 所示。

图 4-29　新建表

（2）修改表名为"销售统计"，然后在等号后输入 SUMMARIZE 函数和参数：销售统计 = SUMMARIZE('销售业绩表','销售业绩表'[产品],"最高销量",MAX('销售业绩表'[数量]),"最低销量",MIN('销售业绩表'[数量]))，如图 4-30 所示。

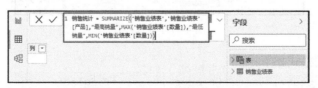

图 4-30　输入公式创建计算表

SUMMARIZE 函数的语法格式如下：

```
SUMMARIZE(<table>,<groupBy_columnName>[,<groupBy_columnName>]...[,<name>,
<expression>]...)
```

它用于对表 table 中的数据按分组列 groupBy_columnName 计算表达式 expression，计

算结果作为列 name 的值，返回的表包含分组列和计算结果列。因此，本例输入的公式表示对表"销售业绩表"按产品分组，统计各类产品的最高销量和最低销量。

（3）公式输入完毕后，按 Enter 键即可利用指定的公式创建计算表。在数据网格区可看到创建的表数据，"字段"窗格中可看到创建的计算表，如图 4-31 所示。

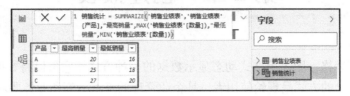

图 4-31　创建的计算表

4.4　本章小结

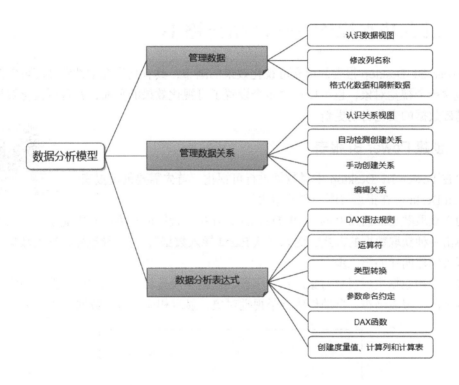

第 5 章　创建报表

报表是指用表格、图表等格式动态显示数据的一种方式。它可以将数据信息以格式多样化和数据动态化的方式呈现给使用者，是企业管理的基本措施和业务要求，也是实施 BI 战略的基础。根据不同的分类依据，可以将报表分为不同的类型。例如，根据用途的不同，报表可分为财务报表、技术报表、销售报表、统计报表等；根据数据表达形式的不同，报表可分为列表式、摘要式、矩阵式和钻取式。

本章介绍利用 Power BI Desktop 创建报表、编辑报表以及常用的美化报表的操作方法。

5.1　报表基本操作——产品合格率

Power BI Desktop 报表是填充可视化效果的画布，具有高度互动性和高度可定制性，可以包含单个视觉对象，也可以包含多个设置了可视化效果的页面，并且可视化效果可以随着基础数据的变化自动更新。

5.1.1　创建 Power BI 报表

要在 Power BI Desktop 中对数据进行可视化，首先需要创建报表。Power BI Desktop 在报表视图中创建报表。

创建 Power BI 报表

（1）获取数据。启动 Power BI Desktop，在报表视图的报表画布中显示创建报表的向导，单击一种获取数据的方式，例如"从 Excel 导入数据"，打开导航器，导入数据。此时显示报表创建向导的第二步。

（2）使用数据生成视觉对象。在"字段"窗格中展开导入的表字段，选中要添加到报表中的字段，报表画布中自动创建一个视觉对象，显示相应的报表数据，如图 5-1 所示。

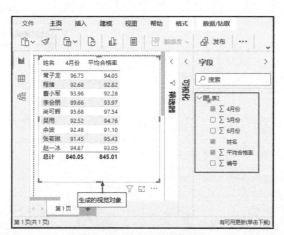

图 5-1　选择报表字段

单击视觉对象下方的"焦点模式"按钮 ，可在报表画布中以焦点模式显示数据报表，如图 5-2 所示。单击顶部的"返回到报表"按钮，即可返回到图 5-1 所示的报表画布。

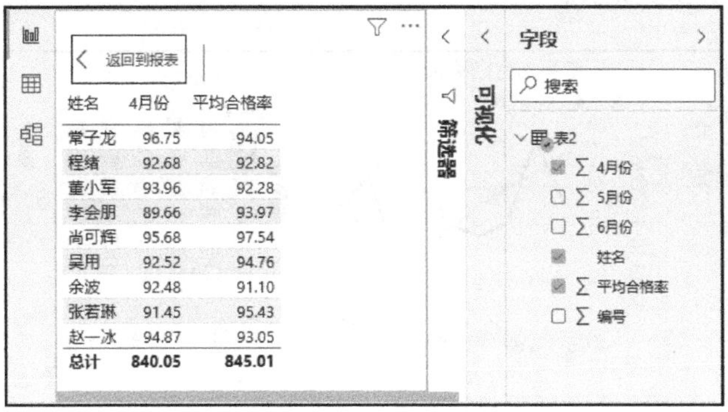

图 5-2　焦点模式

单击"筛选器"按钮 ▽，可为视觉对象添加筛选器和切片器。

（3）在快速访问工具栏上单击"保存"按钮 📁，在弹出的"另存为"对话框中定位到要保存的路径，输入文件名，保存类型为 Power BI 文件（*.pbix），如图 5-3 所示。然后单击"保存"按钮关闭对话框。

图 5-3　"另存为"对话框

一个.pbix 文件对应一个报表，包含报表和数据模型的相关信息，称为报表文件或者 Power BI 文件。

如果要打开已有的报表，在"文件"下拉菜单中选择"打开报表"命令，在右侧的窗格中单击"浏览报表"按钮，从弹出的"打开"对话框中选择需要的报表文件，然后单击"打开"按钮。

添加视觉对象

5.1.2　添加视觉对象

视觉对象是报表的基本构成元素，创建报表离不开视觉对象的制作。Power BI Desktop 预置了类型丰富的视觉对象，用户也可以通过导入自定义视觉对象来扩充视觉对象的类型。

在 Power BI Desktop 的"可视化"窗格中，可以看到预置的视觉对象，如图 5-4 所示。每种视觉对象都有各自的特点和适用范围，在实际应用中，应根据数据的情况和可视化分析的需求选择合适的视觉对象。

图 5-4　"可视化"窗格

下面以在"产品合格率"报表中添加第二季度各个月份的合格率"折线图"和 4 月份的平均合格率为例，讲解制作视觉对象的基本方法。

（1）在报表视图中展开"字段"窗格，选中"4月份""姓名"和"平均合格率"，画布中自动添加对应的视觉对象，显示报表数据。

（2）在"可视化"窗格的视觉对象列表中，单击"折线图"按钮，即可将报表数据转化为折线图，如图 5-5 所示。

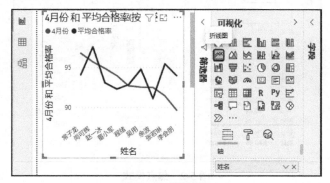

图 5-5　折线图

（3）将鼠标指针移到视觉对象右下角，指针显示为双向箭头时，按下左键向外拖动到合适的大小后释放，调整视觉对象的大小，如图 5-6 所示。

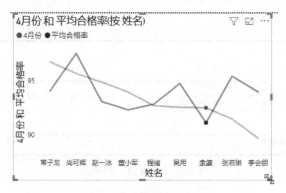

图 5-6　调整视觉对象的大小

（4）取消选中视觉对象，在"字段"窗格中重新选中字段"4月份"和"平均合格率"，然后在"可视化"窗格中单击"仪表"按钮，在报表画布中添加第二个视觉对象，如图 5-7 所示。

图 5-7　添加第二个视觉对象

（5）取消选中视觉对象，在"插入"选项卡的"视觉对象"组中单击"新建视觉对象"按钮，即可在报表画布中添加一个默认类型的空白视觉对象，如图 5-8 所示。

（6）在"字段"窗格中分别将"4月份"和"姓名"拖放到视觉对象中，即可填充视觉对象，如图 5-9 所示。

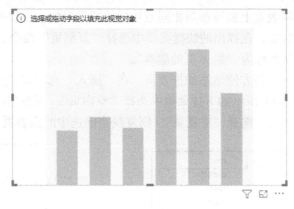

图 5-8 新建空白的视觉对象

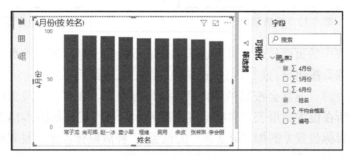

图 5-9 填充视觉对象

（7）如果要更改视觉对象的类型，可在报表画布中选中视觉对象，然后在"可视化"窗格中单击需要的视觉对象类型图标。例如，选择"瀑布图"的效果如图 5-10 所示。

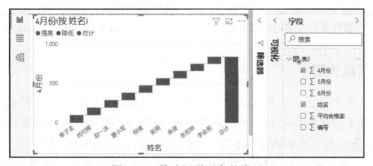

图 5-10 修改视觉对象的类型

5.1.3 添加、移动报表页

默认情况下，新建的报表只包含一个页面。如果报表中有多个视觉对象，Power BI 报表画布的空间又有限，为便于呈现所有的报表元素，可以在报表中添加页面，按一定的逻辑关系在不同的页面中分类放置视觉对象。

在页面选项卡区域单击"新建页"按钮 ，如图 5-11 所示，可以添加报表页，并自动编号为"第 X 页"。当前报表页底部显示黄色栏线。

图 5-11 新建页面

如果要在不同的报表页上放置布局相同或相似的视觉对象，可以通过复制操作添加报表页。在报表页面上右击，在弹出的快捷菜单中选择"复制页"命令，如图 5-12 所示。复制的报表页默认名称为"第 X 页的副本"。

利用菜单命令也可以很方便地添加报表页。在"插入"选项卡"页"组中单击"新建页"下拉按钮，在图 5-13 所示的下拉菜单中选择"空白页"，可在当前选中的报表页右侧添加一个空白的报表页面；选择"重复页"，则复制当前选中的报表页面，生成一个副本。

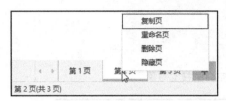

图 5-12　快捷菜单

图 5-13　"新建页"下拉菜单

如果当前报表中的页面较多，页面选项卡区域不能完全显示所有的页面标签，利用页面选项卡左侧的翻页按钮 ◀ 或 ▶ 可快速定位到第一页或最后一页。

在管理报表页时，通常会按某种逻辑顺序排列报表页。在要移动位置的报表页上按下左键拖动，当前所在位置的报表页名称标签顶部显示黑色栏线，如图 5-14 所示。

将鼠标移到目标位置（例如"第 2 页"的位置），释放鼠标左键，报表页即可移动到指定的位置，如图 5-15 所示。

图 5-14　按住鼠标左键拖动报表页

图 5-15　移动后的效果

5.1.4　重命名报表页

如果一个报表中包含多张报表页，为便于快速识别或定位报表页，给每个报表页指定一个具有代表意义的名称是很有必要的。修改报表页的名称有以下几种常用方法。

- 双击要重命名的报表页名称标签，输入新的名称后按 Enter 键。
- 在要重命名的报表页名称标签上右击，在弹出的快捷菜单中选择"重命名页"命令，输入新名称后按 Enter 键。

5.1.5　删除、隐藏报表页

如果不再需要某个报表页，应将其删除。将鼠标指针移到要删除的报表页上，页面名称选项卡右上角显示"删除页"按钮 ⊠，如图 5-16 所示。

图 5-16　显示"删除页"按钮

单击"删除页"按钮 ⊠，弹出一个提示对话框，提示用户该操作将永久删除选中的页面，如图 5-17 所示。单击"删除"按钮确认删除，单击"取消"按钮不删除该页面。

如果需要在报表中创建基础数据或视觉对象，但不希望其他人看到这些页面，可以将相应的报表页隐藏。

在要隐藏的报表页上右击，从弹出的快捷菜单中选择"隐藏页"命令，对应的报表页名称标签上显示隐藏图标 ，如图5-18所示的"第3页"。

图5-17　提示对话框

图5-18　隐藏报表页

> 提示：在Power BI Desktop的报表视图中仍然可以看到隐藏的报表页内容，并且可以使用钻取或其他方法访问页面内容。将报表发布到Power BI服务后，隐藏的报表页不可见。

5.2　视觉对象基本操作——部门费用统计表

在报表中添加视觉对象后，通常会根据需要对视觉对象进行各种操作，例如复制和粘贴视觉对象、修改视觉对象的字段和格式、编辑视觉对象的交互方式、查看和导出视觉对象数据等。

5.2.1　复制、粘贴视觉对象

如果在报表的其他页面或其他报表中要创建相同或类似的视觉对象，可以提取Power BI Desktop报表中的视觉对象并将其粘贴到其他报表中。

复制、粘贴视觉对象

下面通过制作某企业各部门第二季度各月的费用饼图为例，讲解复制、粘贴视觉对象的操作方法。

（1）加载"部门费用统计表"。在"字段"窗格中选中"6月费用"和"部门"复选框，报表画布中自动生成默认的视觉对象，显示报表数据，如图5-19所示。

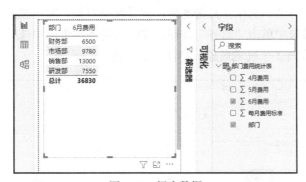

图5-19　报表数据

（2）在"可视化"窗格中单击"饼图"按钮，生成相应的视觉对象，如图5-20所示。接下来复制、粘贴生成的饼图，展示4月份和5月份的费用统计情况。

（3）选中生成的饼图，按下快捷键Ctrl+C复制报表视觉对象，然后使用快捷键Ctrl+V将视觉对象粘贴到报表中。粘贴的视觉对象通常与原对象重叠，移动粘贴的视觉对象到合适位置，如图5-21所示。

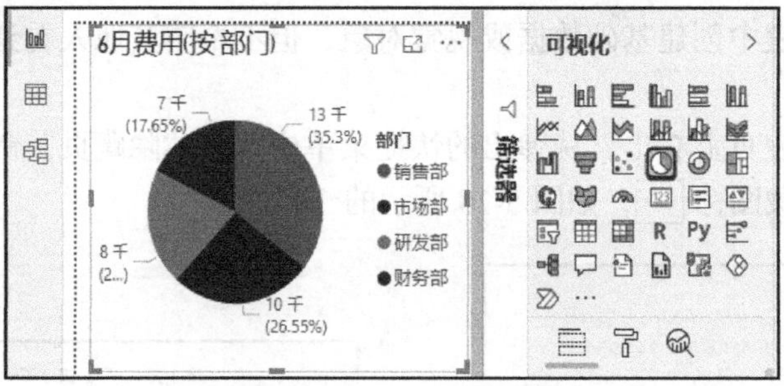

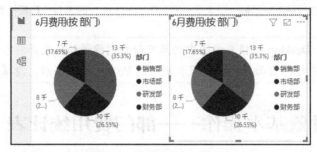

图 5-20 饼图显示效果

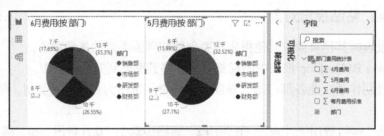

图 5-21 复制、粘贴视觉对象

（4）选中粘贴的视觉对象，在"字段"窗格中修改选中的字段为"5月费用"和"部门"，报表画布中的视觉对象将随之更新，如图 5-22 所示。

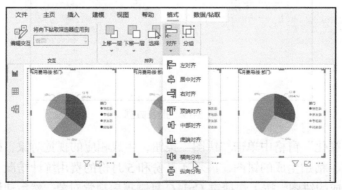

图 5-22 修改字段

（5）按照同样的方法，制作 4 月份的费用统计视觉对象。按住 Shift 键选中 3 个视觉对象，在"格式"选项卡中单击"对齐"按钮，在弹出的下拉菜单中选择"横向分布"命令，在水平方向上等距排列 3 个视觉对象，如图 5-23 所示。

图 5-23 横向分布视觉对象

Power BI Desktop 为报表页上的视觉对象提供了"交叉突出显示"的交互功能，选中其中一个视觉对象中的数据点，当前报表页所有视觉对象中相应的数据点会突出显示，不适用于所选内容的数据点则半透明显示。

除了可以在当前报表中复制、粘贴视觉对象，还可以在报表之间复制、粘贴视觉对象。对于要频繁生成和更新多个报表的用户来说，尤其有用。

提示：在报表之间粘贴视觉对象时，如果已显式设置了视觉对象的格式选项，相应的设置将继续保持，而依赖于主题或默认设置的视觉对象元素将自动更新为匹配目标报表的主题。

5.2.2 设置字段和格式

在报表中添加了视觉对象之后，还可以编辑视觉对象的字段和格式选项。

例如，以设置第二季度各部门费用簇状柱形图的字段和格式为例，可以执行以下步骤。

（1）新建一个报表页，在"字段"窗格中选中"4月费用""5月费用""6月费用"和"部门"，在报表画布中默认生成簇状柱形图，如图5-24所示。

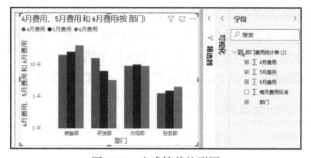

图 5-24　生成簇状柱形图

（2）选中要设置字段和格式的视觉对象，在"可视化"窗格中切换到"字段" 选项卡，可以看到相应的设置选项，如图5-25所示。

提示：不同类型的视觉对象的"字段"选项卡内容也会有所不同。

轴选项用于设置 *X* 轴显示的字段。如果要删除轴选项中的字段，单击字段右侧的 按钮；在"字段"窗格中将字段拖放到轴选项的字段列表框，可以设置轴选项。单击字段列表框的下拉按钮 ，利用图5-26所示的下拉菜单可以执行删除字段、重命名字段、将字段移到其他区域等操作。

图 5-25　"字段"选项卡

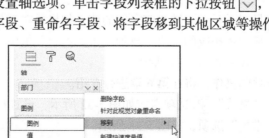

图 5-26　下拉菜单

图例是以不同颜色显示 X 轴中不同值的示例按钮,以区分不同的类别,如图 5-27 所示。图例选项设置的字段通常与 X 轴字段相同,也可以根据需要设置为不同的字段。

值选项用于设置 Y 轴显示的字段,默认情况下显示汇总方式的结果。单击字段列表框中的下拉按钮 $\boxed{\vee}$,在图 5-28 所示的下拉菜单中可以更改字段汇总方式,执行删除字段、重命名字段、移动字段等操作。

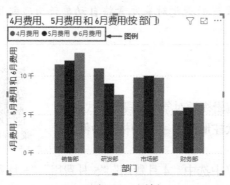

图 5-27   图例   图 5-28   "值"选项字段下拉菜单

小型序列图可以将视觉对象拆分为多个并排显示的版本。例如,在"字段"窗格中将"部门"字段拖放到"可视化"窗格"字段"选项卡的"小型序列图"框中,报表画布中的视觉对象的数据按所选的维度拆分为一个 2×2 的网格,每个网格中填充一个小型序列图,且各个网格中的轴是同步的,每行左边有一个 Y 轴,每列底部有一个 X 轴,如图 5-29 所示。

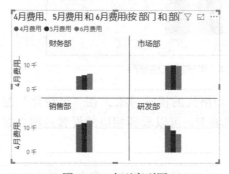

图 5-29   小型序列图

提示:目前仅可以在条形图、柱形图、折线图和面积图上创建小型序列图。

工具提示是指鼠标指针移到视觉对象中的图形元素时显示的提示信息,如图 5-30 所示。默认情况下,工具提示只显示轴和值字段的值,如果要在工具提示中显示更多的字段值,可从"字段"窗格中将相应的字段拖放到"工具提示"框中。例如,将"每月费用标准"添加到工具提示的效果如图 5-31 所示。

有关钻取选项的操作,将在第 6 章进行介绍。

(1)切换到"格式" $\boxed{?}$ 选项卡,如图 5-32 所示,设置视觉对象各种元素的格式。

(2)设置"常规"选项,如图 5-33 所示。

"响应"选项默认设置为"开",表示视觉对象的大小自动适应画布大小;单击开关按钮切换为"关",则视觉对象的大小保持不变。

"X 位置"和"Y 位置"用于设置视觉对象左上角在画布中的坐标位置,其中,报表页左上角为坐标原点，向右和向下分别为横坐标和纵坐标的正向。

"宽度"和"高度"用于设置视觉对象的宽和高。

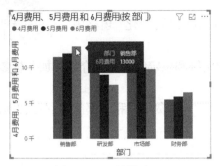

图 5-30 工具提示

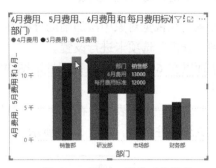

图 5-31 设置工具提示的效果

图 5-32 "格式"选项卡

图 5-33 "常规"选项

（3）设置视觉对象的元素格式。元素名称右侧的开关按钮为"开"，表示在视觉对象中显示对应的元素，否则不显示。单击元素名称左侧的展开按钮 ⌄ ，可以设置元素的位置、标题、颜色、字体等格式。

例如，设置图例位置为"右中"，标题颜色为深蓝色；X 轴和 Y 轴的文本颜色为黑色，Y 轴标题为"费用"；显示缩放滑块；标题为"第二季度各部门费用"，对齐方式为"居中"，颜色为紫色；背景为浅黄；显示边框；视觉对象标头背景颜色为白色，边框颜色为黑色，效果如图 5-34 所示。将鼠标指针移到视觉对象上，显示标头的效果如图 5-35 所示。

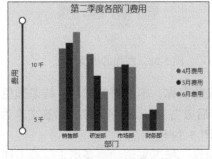

图 5-34 设置视觉对象的格式

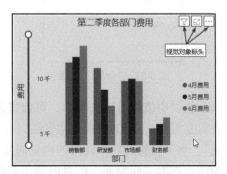

图 5-35 显示标头格式

视觉对象标头是指可在视觉对象标题栏中显示的各种按钮。

视觉对象分析设置

5.2.3 视觉对象分析设置

如果要在视觉对象中添加辅助分析参考线，可以在"可视化"窗格中切换到"分析"选项卡进行设置。

下面以在 6 月份各部门费用柱形图中添加中值线和恒定线为例，介绍添加分析参考线的方法。

（1）新建一个报表页，在"字段"窗格中选中"6 月费用"和"部门"，在报表画布中默认生成簇状柱形图，如图 5-36 所示。

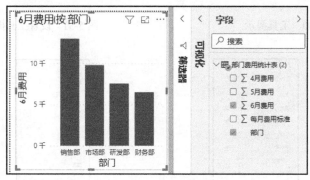

图 5-36　簇状柱形图

（2）在"可视化"窗格中单击"分析"选项卡 📊，可查看视觉对象的分析设置选项，如图 5-37 所示。

从图 5-37 中可以看到，在 Power BI Desktop 中可以为视觉对象添加恒定线、最小值线、最大值线、平均值线、中值线和百分位数线等辅助分析参考线。

（3）展开"中值线"选项，单击"添加"按钮，即可添加一条名称为"中值线 1"的默认样式的中值线，如图 5-38 所示。

图 5-37　"分析"选项卡

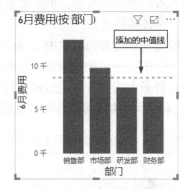

图 5-38　添加的中值线

（4）在"中值线 1"选项中，可以修改中值线的名称，本例保留默认，线条颜色为红色，透明度为 0%，线条样式为"点线"，位置为"后方"；显示数据标签，标签文本为"名称和值"，水平位置为右。此时的视觉对象效果如图 5-39 所示。

为便于查看"研发部"6 月的费用是否超出预算，接下来添加一条恒定值参考线，标记研发部 6 月的预算费用。

（5）展开"恒定线"选项，单击"添加"按钮，设置"值"为 8000，即可在纵坐标值为 8000 的位置添加一条默认样式的恒定线，如图 5-40 所示。

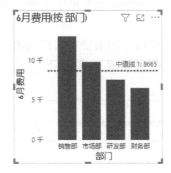

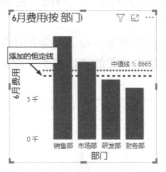

图 5-39 设置中值线格式的效果　　　　图 5-40 添加恒定线

5.2.4 查看视觉对象数据

查看视觉对象数据

在查阅报表时，根据需要可以很方便地查看视觉对象关联的具体数据。

下面以查看第二季度各部门费用的柱形图数据为例，介绍查看视觉对象数据的方法。

（1）切换到要查看关联数据的视觉对象，右击，弹出图 5-41 所示的快捷菜单。

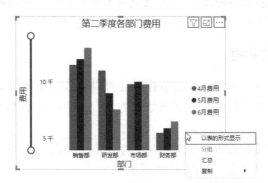

图 5-41 快捷菜单

（2）在快捷菜单中选择"以表的形式显示"命令，即可在视觉对象下方显示关联的数据，如图 5-42 所示。

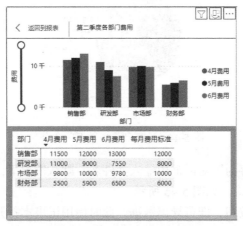

部门	4月费用	5月费用	6月费用	每月费用标准
销售部	11500	12000	13000	12000
研发部	11000	9000	7550	8000
市场部	9800	10000	9780	10000
财务部	5500	5900	6500	6000

图 5-42 以表的形式显示数据

选中视觉对象后，执行以下操作之一，也可以显示视觉对象关联的数据表。

- 在"数据/钻取"选项卡"显示"组中单击"视觉对象表"按钮。
- 单击视觉对象右上角的"更多选项"按钮 ⋯ ，在弹出的菜单中选择"以表的形式显示"命令。

（3）默认情况下，视觉对象的图形和数据表上下排列。如果要左右排列图形和数据，单击视觉对象右上角的"切换为竖排版式"按钮 ▤ ，效果如图 5-43 所示。

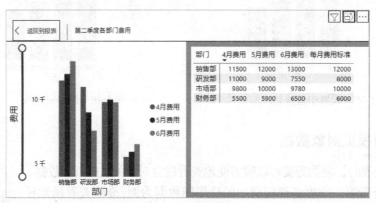

图 5-43   横排版式

（4）如果要退出数据查看状态，单击视觉对象左上角的"返回到报表"按钮，或者在"数据/钻取"选项卡"显示"组中单击"视觉对象表"按钮。

5.2.5   导出视觉对象数据

除了可以随时查看视觉对象关联的数据，还可以将数据导出到文件。

下面以导出 4 月份各部门费用的饼图数据为例，介绍导出视觉对象数据的方法。

（1）切换到要查看关联数据的视觉对象，单击右上角的"更多选项"按钮，在弹出的菜单中选择"导出数据"命令，如图 5-44 所示。

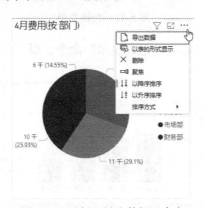

图 5-44   选择"导出数据"命令

（2）在弹出的"另存为"对话框中输入文件名。默认情况下，文件名为视觉对象的标题，保存类型为 CSV 格式，如图 5-45 所示。

（3）单击"保存"按钮，即可导出数据。此时使用记事本打开保存的文件，可以查看数据，如图 5-46 所示。

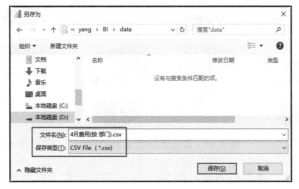

图 5-45 "另存为"对话框

图 5-46 导出的数据

5.3 完善报表——展厅路线图

在报表中添加了视觉对象，只是完成了基本的报表创建工作，要真正实现数据的可视化，还需要进一步完善报表，如添加文本框、链接、形状、书签、按钮等，增强报表的可读性。

5.3.1 插入形状和图像

在报表中添加形状可以将相关信息归到一起，突出显示重要数据，帮助用户浏览和理解信息。在 Power BI Desktop 中可以很方便地添加形状，如矩形、椭圆、三角形、直线、箭头，还能根据设计需要自定义形状的填充、轮廓和格式效果。

插入形状和图像

图 5-47 形状列表

下面以绘制展厅路线图为例，介绍在报表中插入形状和图像的方法。

（1）新建一个报表页，单击"插入"选项卡"元素"组的"形状"命令按钮，打开形状下拉列表，如图 5-47 所示。

（2）在形状列表中单击需要的形状，即可在画布中添加一个对应的形状。同样的方法添加多个形状，如图 5-48 所示。

（3）调整形状的大小和位置。选中一个形状，形状四周显示变形控制手柄，将鼠标指针移到一个控制手柄上，指针显示为双向箭头时，按下左键拖动，即可调整形状的大小。在形状上按下左键拖动，可调整形状位置，如图 5-49 所示。

（4）单击"插入"选项卡"元素"组的"形状"命令按钮，在形状下拉列表中单击箭头图标，在画布中添加箭头，如图 5-50 所示。

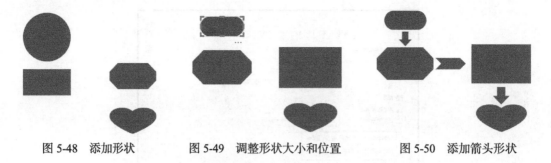

图 5-48 添加形状　　　　图 5-49 调整形状大小和位置　　　　图 5-50 添加箭头形状

（5）选中所有形状，画布右侧显示图 5-51 所示的"设置形状格式"窗格，单击"形状阴影"选项右侧的开关按钮，显示阴影。

（6）选中第一个形状，展开"填充"选项，设置填充颜色和透明度。用同样的方法设置其他形状的填充颜色，效果如图 5-52 所示。

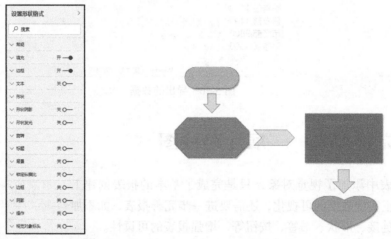

图 5-51　"设置形状格式"窗格　　　　　图 5-52　填充形状

为便于识别每个形状的用途，接下来在形状中添加文字进行标识。

（7）选中第一个形状，在"设置形状格式"窗格中单击"文本"选项右侧的开关按钮，然后展开"文本"选项，输入要显示的文本，设置字体颜色和大小，垂直对齐方式和水平对齐方式均为居中，如图 5-53 所示。设置文本格式后的效果如图 5-54 所示。

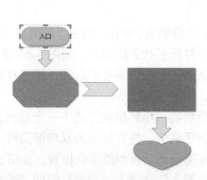

图 5-53　设置文本选项　　　　　图 5-54　设置文本格式后的形状效果

（8）按照第（7）步同样的方法在其他形状中添加文本，效果如图 5-55 所示。

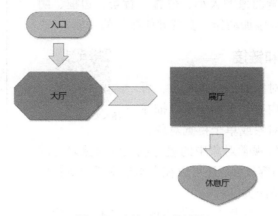

图 5-55　添加文本的效果

（9）单击"插入"选项卡"元素"组的"图像"按钮，弹出"打开"对话框，选择要插入报表的图像，单击"打开"按钮，即可插入图像，如图 5-56 所示。

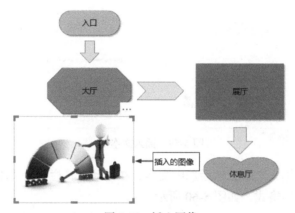

图 5-56　插入图像

如果要单独查看图像效果，单击图像右上角的"更多选项"按钮，在下拉菜单中选择"聚焦"命令，此时画布中的其他视觉对象半透明显示，如图 5-57 所示。选择"删除"命令，可以将图像从画布中删除。

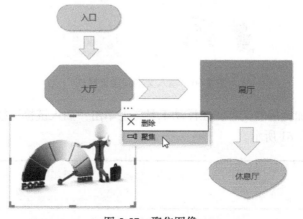

图 5-57　聚焦图像

（10）选中图像，画布右侧显示图 5-58 所示的"格式图像"窗格，在这里可以设置图像的大小、位置、背景、边框、阴影等属性，并可为图像添加动作，实现导航按钮的功能。

5.3.2　插入文本框和链接

如果报表中视觉对象的信息量不足，可添加文本框丰富报表内容。文本框可以描述报表页面、一组视觉对象或单个视觉对象，

插入文本框和链接

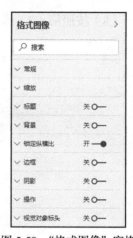

图 5-58　"格式图像"窗格

可帮助用户更好地理解视觉对象中的组件或视觉对象之间的关系。如果要添加的内容较多，还可以在文本框中添加链接以跳转到指定的详细说明网页。

（1）单击"插入"选项卡"元素"组的"文本框"按钮，即可在当前报表页面中添加一个空白文本框，文本框下方显示浮动工具栏，如图 5-59 所示。

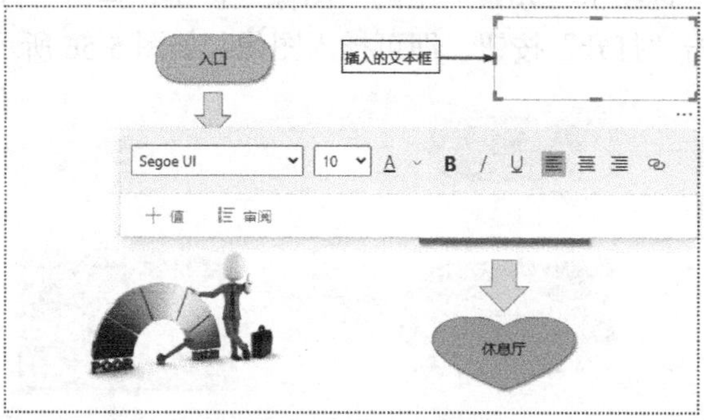

图 5-59　插入文本框

（2）在文本框中输入文本，然后选中文本，在浮动工具栏设置文本的字体、字号、颜色、字形、对齐方式等格式，如图 5-60 所示。

图 5-60　输入文本并设置格式

（3）选中要添加链接的文本，在浮动工具栏上单击"插入链接"按钮，工具栏中显示链接编辑框，如图 5-61 所示。

图 5-61　显示链接编辑框

（4）在编辑框中输入链接地址后，单击"完成"按钮即可设置链接。此时，链接文本下方默认显示一条下划线，如图5-62所示。单击链接文本可打开浏览器显示指定的网页。

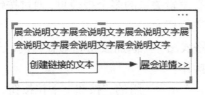

图 5-62 链接文本

如果要编辑或删除添加的链接，将鼠标指针移到链接文本的任意位置，显示图 5-63所示的浮动工具栏，单击"编辑"按钮，即可修改链接地址；单击"删除"按钮即可删除链接。

图 5-63 添加完链接的效果

与其他视觉对象类似，编辑好文本框内容后，还可以设置文本框格式。

（5）选中文本框，画布右侧显示"设置文本框格式"窗格，如图5-64所示。

图 5-64 "设置文本框格式"窗格

（6）单击"标题"选项右侧的开关按钮，在文本框中显示标题，然后展开"标题"选项，设置标题文本、字体颜色、背景色、对齐方式和字号大小。用同样的方法设置显示边框和阴影，并指定边框的颜色、半径。效果如图5-65所示。

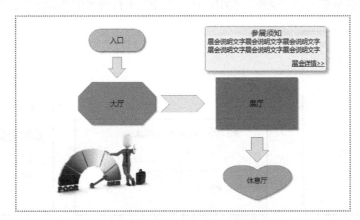

图 5-65 设置文本框格式的效果

插入按钮和书签

5.3.3   插入按钮和书签

通常一个报表会包含具有逻辑关系的多个报表页，通过按钮和书签可以便捷地在各个报表页之间进行切换。

下面以在报表页"展厅路线图"中添加按钮和书签为例，介绍使用按钮和书签制作报表导航栏的操作。

（1）单击"插入"选项卡"元素"组的"按钮"下拉按钮，可以查看 Power BI Desktop 预置的按钮列表，如图 5-66 所示。

（2）单击"上一步"按钮，即可在报表页左上角添加一个指定的按钮。选中按钮，在图 5-67 所示的"'格式'按钮"窗格中可以修改按钮的外观。

图 5-66   "按钮"下拉菜单   图 5-67   "'格式'按钮"窗格

（3）展开"图标"选项，设置"填充"为 0，水平对齐方式和垂直对齐方式均为"居中"，如图 5-68 所示。

尽管按钮本质上可看作包含了预定义形状的图像，但与图像不同的是，在"'格式'按钮"窗格中不能通过"缩放"选项调整按钮的大小。

（4）选中按钮，利用鼠标拖动按钮四周的变形控制手柄调整大小。然后将鼠标指针移到按钮上，可以看到指针显示为 ，并显示按钮操作的提示文本，如图 5-69 所示。

此时，按住 Ctrl 键单击按钮，将跳转到当前报表页的上一页。如果要跳转到其他位置，在"'格式'按钮"窗格中展开"操作"选项，在"类型"下拉列表中选择位置，如图 5-70 所示。

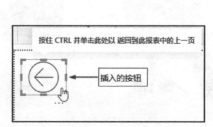

图 5-68   设置按钮的"图标"选项   图 5-69   选中按钮   图 5-70   "操作"选项

　　书签常用于制作导航栏，便于用户快速定位到需要查看的报表页或视觉对象。接下来分别使用按钮列表中的"书签"和"书签"窗格实现报表页的导航。

　　（5）在"按钮"下拉菜单中选择"书签"，在"'格式'按钮"窗格中展开"图标"选项，设置"填充"为 0，水平对齐方式为"居中"，线条颜色为蓝色，然后拖放到文本框中，如图 5-71 所示。

　　（6）在"视图"选项卡"显示窗格"组单击"书签"按钮，打开"书签"窗格，如图 5-72 所示。

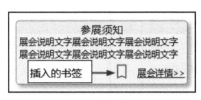

图 5-71　插入书签

图 5-72　"书签"窗格

　　（7）单击"添加"按钮，自动创建一个名为"书签 1"的书签。双击书签名称，名称变为可编辑状态时，输入"展会路线图"，按 Enter 键确认。用同样的方法切换到其他报表页创建书签，如图 5-73 所示。

　　（8）在"书签"窗格中单击某个书签，即可跳转到指定的报表页面。

　　（9）选中文本框中的书签，在"'格式'按钮"窗格中展开"操作"选项，在"类型"下拉列表中选择"书签"，然后在"书签"下拉列表中选择要跳转到的书签名称，如图 5-74 所示。

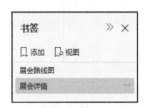

图 5-73　创建的书签

图 5-74　设置书签的"操作"选项

　　此时，按住 Ctrl 键单击书签，也可跳转到指定的报表页面。

5.4　格式化报表——项目支出分析表

　　创建了报表，并不等于完成了所有的制表工作。一份优秀的报表不但要求数据处理得合理准确，而且要求报表格式清晰、内容整齐、样式美观，便于理解和查看。

5.4.1　应用报表主题

　　报表主题是预定义的颜色、样式集合，利用主题可以快速设置报表视觉对象的外观。在 Power BI Desktop 中，可以创建通用报表主题或外观，将其应用于所有报表页面。

应用报表主题

Power BI Desktop 预置了一些主题,在"视图"选项卡"主题"组单击下拉按钮,可以看到预置的主题列表,如图 5-75 所示。单击某一主题图标,即可将该主题应用于当前报表中。

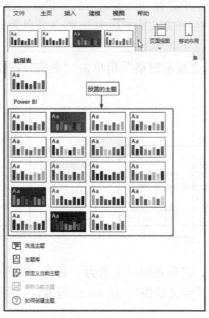

图 5-75　主题列表框

下面以为报表"项目支出分析表"应用主题"经典"为例,讲解使用主题格式化报表的方法。

(1)获取数据,加载的数据在数据视图中的效果如图 5-76 所示。

月份	项目A	项目B	项目C	项目D	项目E	支出总和
7月	345	456	248	679	498	2226
8月	698	608	389	789	668	3152
9月	580	578	505	590	598	2851
10月	540	680	480	660	630	2990
11月	680	786	520	620	580	3186
12月	450	590	498	748	649	2935
总计	3293	3698	2640	4086	3623	17340

图 5-76　加载的数据表

本例制作视觉对象时,不需要最后一行的总计数据,所以接下来先在查询编辑器中编辑数据表。

(2)在"主页"选项卡单击"转换数据"按钮,启动 Power Query 编辑器。在"主页"选项卡"减少行"组中单击"删除行"下拉按钮,在弹出的下拉菜单中选择"删除最后几行"命令打开对应的对话框,设置行数为 1,如图 5-77 所示。

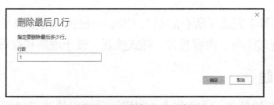

图 5-77　删除最后一行

(3)单击"确定"按钮关闭对话框,然后在"主页"选项卡单击"关闭并应用"按钮关闭查询编辑器，并更新数据。

（4）切换到报表视图，在"字段"窗格中选中要添加到报表中的字段，然后在"可视化"窗格中单击"环形图"按钮，利用数据生成视觉对象，如图5-78所示。

（5）选中视觉对象，在"可视化"窗格的"格式"选项卡中修改标题文本为"各项目支出占比图"，对齐方式为居中，并添加黑色边框，如图5-79所示。

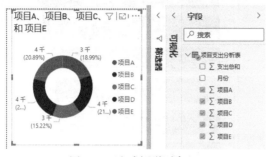

图5-78 生成视觉对象

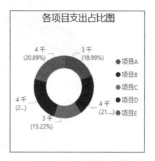

图5-79 设置格式的效果

（6）取消选中视觉对象，在"字段"窗格中选中要添加到报表中的字段，然后在"可视化"窗格中单击"簇状条形图"按钮，利用数据生成视觉对象，如图5-80所示。

（7）选中视觉对象，在"可视化"窗格的"格式"选项卡中修改标题文本为"各月份支出总和"，对齐方式为居中，并添加黑色边框，如图5-81所示。

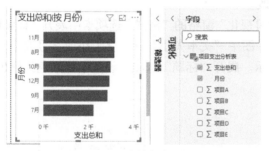

图5-80 生成簇状条形图

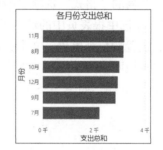

图5-81 设置标题和边框的效果

（8）调整报表页中两个视觉对象的大小和位置，如图5-82所示。

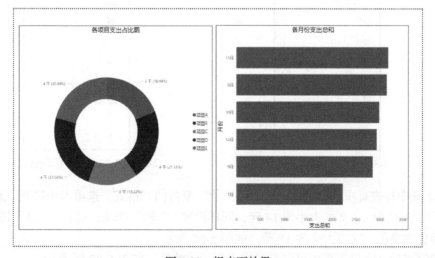

图5-82 报表页效果

（9）切换到"视图"选项卡，在预置的主题列表中单击"经典"图标应用主题，可以看到视觉对象的配色方案和布局随之发生变化，如图 5-83 所示。

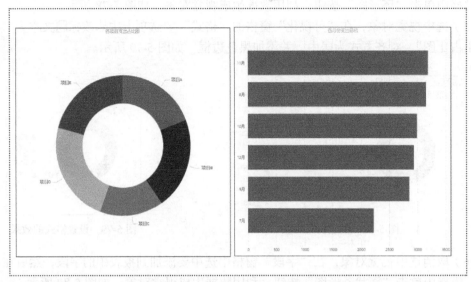

图 5-83　应用"经典"主题的效果

如果对主题的部分格式不满意，例如主题中的文本颜色太浅，字号也较小，可以在"可视化"窗格的"格式"选项卡中进行修改。

（10）选中报表页中的环形图，在"可视化"窗格的"格式"选项卡中展开"详细信息"选项，设置颜色为黑色，文本大小（注：图中"文本大小"指文字大小或字号大小，后续不再单独说明）为 14 磅，如图 5-84 所示。展开"标题"选项，设置字体颜色为黑色，文本大小为 18 磅，如图 5-85 所示。

图 5-84　设置详细信息的格式

图 5-85　设置标题格式

（11）选中报表页中的条形图，在"可视化"窗格的"格式"选项卡中展开"X 轴"选项，设置颜色为黑色，文本大小为 14 磅，同样设置"Y 轴"选项；展开"标题"选项，设置字体颜色为黑色，文本大小为 18 磅，如图 5-86 所示。

设置完成后，在报表页中可以看到格式化后的效果，如图 5-87 所示。

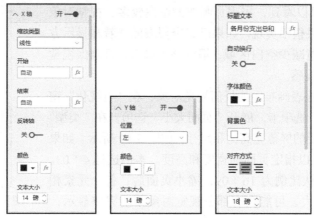

图 5-86 设置"X轴""Y轴"和"标题"选项

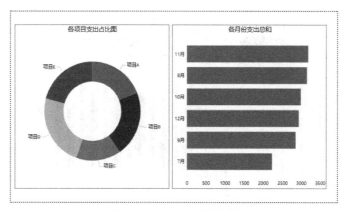

图 5-87 格式化的报表页

5.4.2 调整画布大小和布局

调整画布大小和布局

杂乱无章的报表页面不仅影响美观,甚至可能会影响用户对报表的理解。设计优秀的报表不仅画布匹配视觉对象的大小,而且整体版面看起来整洁、舒适,这就需要对报表的页面大小和布局进行设置。

下面以更改"项目支出总额"报表页的大小和布局为例介绍操作步骤。

(1)打开报表页"项目支出总额",如图 5-88 所示。

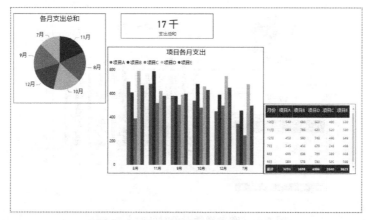

图 5-88 报表页面

在图 5-88 中可以看到，报表页画布的留白较多，视觉对象分布散乱，版面效果很不美观。如果已确定报表的查看和显示方式，在设计时应注意减少空白区域，填满整个画布，且确保视觉对象看起来没有狭促感。

（2）取消选中报表画布中的任何视觉对象，在"可视化"窗格中切换到"格式"选项卡，展开"页面大小"选项，在"类型"下拉列表中选择需要的屏幕宽高比和尺寸，如图 5-89 所示。如果选择"自定义"，可以指定页面的宽度和高度。本例选择 4：03。

图 5-89   设置页面大小

报表页面的默认比例为 16：09，缩小页面后，各个元素相对于整个页面会放大，可能会有部分视觉对象不能完整显示，如图 5-90 所示。

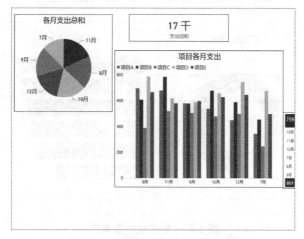

图 5-90   设置页面尺寸后的效果

接下来根据页面尺寸调整视觉对象的大小和位置，更改报表页面的布局。报表元素的布局不仅会影响用户对报表的理解，而且还是用户浏览报表页面时的导引。在大多数情况下，人们习惯从左往右、从上往下进行浏览，因此可以将最重要的元素放在报表左上角，其他视觉对象的排列方式要有助于用户有逻辑地浏览和理解信息。

（3）调整视觉对象的位置。移动时画布中会显示对齐参考线，如图 5-91 所示。

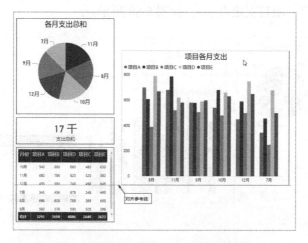

图 5-91   移动视觉对象时的对齐参考线

除了参考线，Power BI Desktop 在"格式"选项卡中还提供了一些对齐视觉对象的工具，如图 5-92 所示，可以对齐和分布选择的多个视觉对象。

（4）调整视觉元素的大小，最终效果如图 5-93 所示。

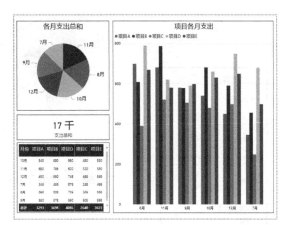

图 5-92　对齐工具

图 5-93　设置画布大小和布局的效果

5.4.3　设置画布背景

报表页面的背景默认为白色，在实际应用中，可为报表画布设置背景颜色，或将图像设置为背景。

设置画布背景

下面以设置"项目支出总额"报表页的背景为例，讲解设置报表画布背景的方法。

（1）打开上面已调整大小和布局的报表页"项目支出总额"，取消选中任一视觉对象。在"可视化"窗格的"格式"选项卡中展开"页面背景"选项。

（2）如果要设置背景颜色，在"颜色"下拉列表中选择填充颜色，然后设置颜色的透明度，如图 5-94 所示。

在设置报表页面的背景时，应选择不会令报表黯然失色、与页面上的其他颜色不冲突或不会引起眼部不适的颜色。

设置完成后，在报表画布中可以看到设置背景颜色的效果，如图 5-95 所示。

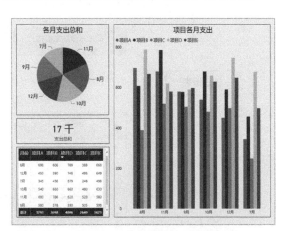

图 5-94　设置背景颜色

图 5-95　设置背景颜色的画布

（3）如果要将图像设置为画布背景，单击"添加映像"按钮，在弹出的"打开"对话框中选择需要的图像文件，然后在"图像匹配度"下拉列表框中设置图像填充画布的方式和图像的透明度，如图 5-96 所示。

　　设置完成后，在报表画布中可以看到设置背景图像的效果，如图 5-97 所示。

图 5-96　设置页面背景图像

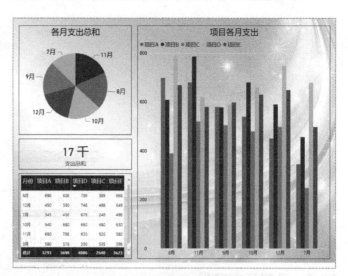

图 5-97　设置背景图像的画布

（4）如果要删除设置的背景图像，在"页面背景"选项中，单击图像文件名称右侧的"删除"按钮 ×。如果要恢复默认的报表画布背景，单击"还原为默认值"。

5.5　本章小结

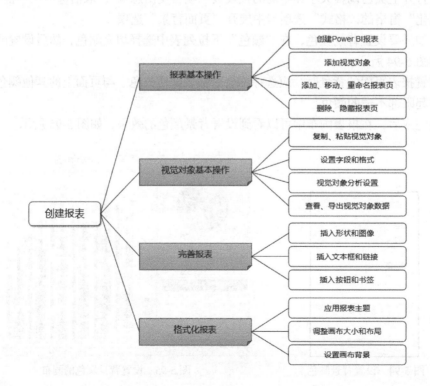

第6章 制作可视化图表

可视化图表可将数据之间的复杂关系用图形表示出来，能够更加直观、形象地反映数据的趋势和对比关系，使数据易于阅读和评价。

本章将详细介绍使用 Power BI Desktop 预置的视觉对象制作可视化图表的方法，帮助读者选择合适的视觉对象展现数据。

6.1 常用视觉对象

Power BI Desktop 预置了丰富的视觉对象用于制作常见的可视化图表，不仅可制作条形图、折线图、面积图、饼图、散点图、瀑布图、气泡图等经典图表，还可创建仪表、KPI、切片器等复杂的视觉对象。

6.1.1 柱形图和条形图——部分省份普职比

柱形图和条形图分别用垂直和水平的柱子表示数据大小，常用于快速比较多个类别的数据大小。Power BI Desktop 中的柱形图和条形图细分为多种类型，例如堆积柱形图（条形图）、簇状柱形图（条形图）和百分比堆积柱形图（条形图）。

柱形图和条形图
——部分省份普职比

簇状柱形图（条形图）可以显示一段时间内（或特定时间内）数据的变化，或者描述各项数据之间的差异；堆积柱形图（条形图）和百分比堆积柱形图（条形图）常用于显示各项与整体的关系。

下面以制作 2020 年部分省份的普职比的簇状柱形图和百分比堆积条形图为例，介绍柱形图和条形图的制作方法。

（1）在"字段"窗格中选中要添加到视觉对象中的字段"省份""普高招生占比"和"中职招生占比"，然后在"可视化"窗格中单击"簇状柱形图"按钮 ，即可创建簇状柱形图，如图 6-1 所示。

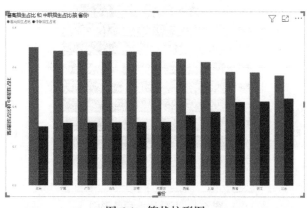

图 6-1 簇状柱形图

（2）在"可视化"窗格的"字段"选项卡中，可以看到各个字段在视觉对象中的位置，如图6-2所示。

在本例中，"省份"位于X轴作为类别，"普高招生占比"和"中职招生占比"作为值显示为柱子，表示数据的大小。根据需要可以拖动字段，调整字段在视觉对象中的位置，本例不进行修改。

（3）在"视图"选项卡的"主题"下拉列表框中单击"经典"应用主题，然后切换到"可视化"窗格的"格式"选项卡，修改标题和位置、坐标轴的文本对应的字号大小和颜色，并显示边框和数据标签，如图6-3所示。

图6-2   "字段"选项卡

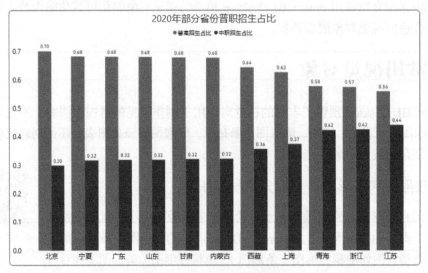

图6-3   格式化的簇状柱形图

（4）复制已制作好的柱形图并粘贴，然后在"可视化"窗格中单击"百分比堆积条形图"按钮，即可将簇状柱形图修改为百分比堆积条形图，从另一个视角查看各省份的普职招生占比，如图6-4所示。

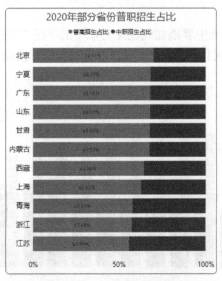

图6-4   百分比堆积条形图

6.1.2 折线图和分区图——国考招录统计

折线图和分区图
——国考招录统计

折线图连接各个单独的数据点，以等间隔显示数据的变化趋势。通常情况下，类别数据或时间的推移沿水平轴均匀分布，数值数据沿垂直轴均匀分布。

分区图也称为基本面积图，将折线和 X 轴之间的区域使用颜色进行填充，除了可以像折线图一样显示数据的变化趋势，还可以通过没有重叠的阴影面积来反映差距变化的部分。

堆积面积图是分区图的一种，强调幅度的变化量。

下面以制作某年国考各学历的招录人数的可视化图表为例，介绍折线图和分区图的制作方法。

（1）在"字段"窗格中选中要添加到视觉对象中的字段"学历""职位数"和"招录人数"，然后在"可视化"窗格中单击"折线图"按钮，即可在报表画布中创建一个折线图，如图 6-5 所示。

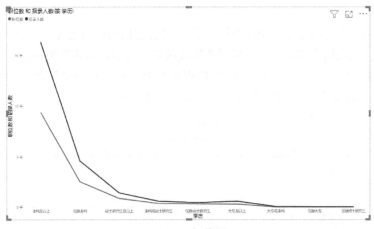

图 6-5　折线图

（2）调整视觉对象的大小后，在"可视化"窗格的"格式"选项卡修改标题和位置、坐标轴的文本对应的字号大小和颜色，并显示边框；展开"形状"选项，设置标记形状；展开"绘图区"选项，设置绘图区的背景图像和透明度。效果如图 6-6 所示。

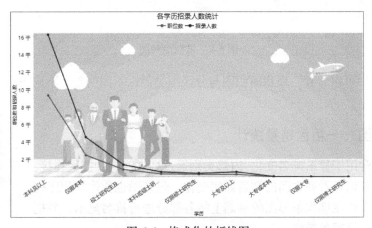

图 6-6　格式化的折线图

（3）复制报表页面，选中报表画布中的视觉对象，在"可视化"窗格中单击"分区图"按钮△，将图表修改为分区图，如图6-7所示。

图6-7   分区图

从图 6-7 中可以看到，分区图的图例所示的每种数据的面积图分层显示，重叠部分用相近的颜色显示，每层图形均可看见。通过非重叠区域，可以查看不同类别数据的差异大小。

（4）复制报表页面，选中报表画布中的视觉对象，在"可视化"窗格中单击"堆积面积图"按钮△，将图表修改为堆积面积图，如图6-8所示。

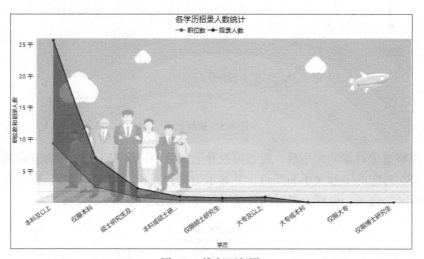

图6-8   堆积面积图

从图 6-8 中可以看到，堆积面积图与分区图类似，不同的是，不同类别的数据面积图堆叠显示。

6.1.3   丝带图——箱包销量统计

丝带图通常用于显示排名变化，内部类别通过列之间的功能区连接，以帮助用户直观地查看列之间的排名如何变化。丝带图也称作堆积序列条形图，可以看作在堆积条形图的基础上将各部分进行排名显示，并把条形连接起来，呈现丝带状。

丝带图——箱包
销量统计

下面通过制作某店箱包销量的丝带图，介绍丝带图的制作方法。

（1）加载数据表。数据表在数据视图中的显示效果如图 6-9 所示。

（2）切换到报表视图，在"字段"窗格中选中要添加到视觉对象中的字段，如图 6-10 所示。本例希望按日期显示各类箱包的销量，因此在日期层次结构中选中"日"。

图 6-9　原始数据

图 6-10　选择字段

（3）在"可视化"窗格中单击"丝带图"按钮🔲，即可创建丝带图，如图 6-11 所示。

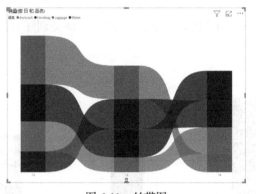

图 6-11　丝带图

从图 6-11 中可以看到，丝带图结合了堆积条形图和堆积面积图的优势，以一种艺术感的呈现形式突出地显示各个类别的组成和差异。不仅如此，相比简单枯燥的堆积条形图和堆积面积图，丝带图还能直观地体现特定组的差异变化，例如，某一品类的箱包销量在不同日期的排名变化。

（4）选中丝带图，在"可视化"窗格的"格式"选项卡中，修改标题和轴标题的颜色和字号；显示数据标签和边框；展开"丝带"选项，设置丝带间距、透明度和边框。最终效果如图 6-12 所示。

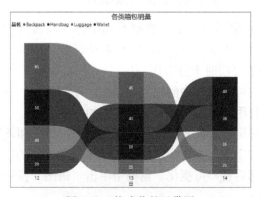

图 6-12　格式化的丝带图

（5）展开"筛选器"窗格，在"品名"筛选器卡中选中要筛选的类别，例如 Handbag 和 Wallet，如图 6-13 所示，对应的图表随之发生相应的变化，显示筛选结果，如图 6-14 所示。

图 6-13　设置筛选器

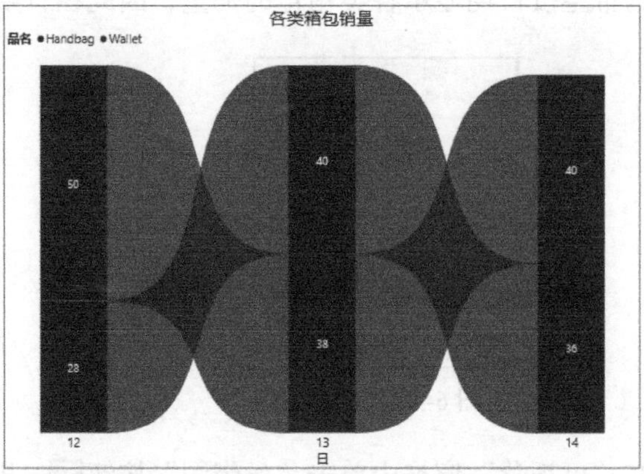

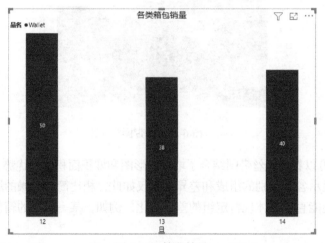

图 6-14　筛选结果

（6）如果只选中一个类别（例如 Wallet），则显示该类别随日期变化的销量柱形图，如图 6-15 所示。

图 6-15　筛选结果

6.1.4　饼图和环形图——各学历招录人数统计

饼图和环形图——各学历招录人数统计

饼图以圆心角不同的扇形显示某一数据系列中每一项数值与总和的比例关系，每个扇形用一种颜色进行填充，在各个部分之间的比例差别较大，需要突出某个重要项时十分有用。

环形图与饼图类似，可以看作中间挖空的饼图。不同的是，在表示比例的大小时，环形图利用环形的长度而不是扇形的角度表示。

下面通过制作各种学历招录人数的可视化图表，介绍饼图和环形图的制作方法。

（1）加载数据，在"字段"窗格中选中要应用于视觉对象的字段"学历"和"招录人数"，如图 6-16 所示。然后在"可视化"窗格中单击"饼图"按钮 🍕，即可创建一个饼图视觉对象，如图 6-17 所示。

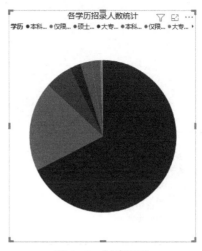
图 6-17 创建饼图

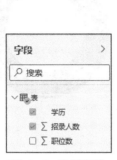
图 6-16 选择字段

（2）选中饼图，在"可视化"窗格的"格式"选项卡中设置图例位置为"右中"，大小为 14 磅，颜色为黑色；展开"详细信息"选项，设置标签样式为"总百分比"，大小为 12 磅；修改标题文本并显示边框，效果如图 6-18 所示。

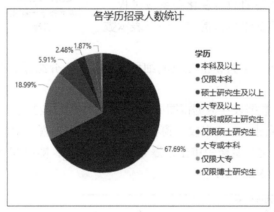
图 6-18 格式化后的饼图

如果要使饼图中一些小的扇区更容易查看，可以在紧靠主图表的一侧生成一个较小的饼图或条形图，用来放大较小的扇区。

（3）复制已制作好的饼图，调整饼图大小和位置。然后在"可视化"窗格的"格式"选项卡中取消显示图例和标题；展开"详细信息"选项，设置标签样式为"类别，数据值"。

接下来通过筛选数据，仅显示饼图中较小的扇区。

（4）展开"筛选器"窗格，在"学历"筛选器卡中仅选中要显示的数据，如图 6-19 所示。此时的视觉对象如图 6-20 所示。

（5）取消选中任一视觉对象，在"字段"窗格中选中"学历"和"招录人数"，然后在"可视化"窗格中单击"环形图"按钮 ⊙，创建环形图。

图 6-19 筛选数据

（6）切换到"格式"选项卡，取消显示图例；展开"详细信息"选项，设置标签样式为"类别，总百分比"，效果如图 6-21 所示。

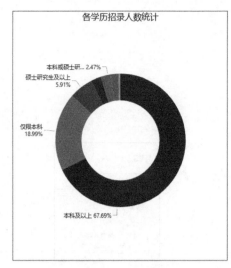

各学历招录人数统计

图 6-20   筛选结果

图 6-21   环形图

6.1.5   瀑布图——收支明细

瀑布图采用绝对值与相对值相结合的方式，用于展示多个特定数值之间的数量变化关系或过程，常用于分析财务数据和企业经营情况，用以表示数据的构成、变化等情况。

瀑布图——收支明细

图 6-22   原始数据

下面通过制作某公司 8 月份的收支明细可视化图表，介绍瀑布图的制作方法。

（1）加载数据表。数据表在数据视图中的显示效果如图 6-22 所示。

（2）切换到报表视图，在"字段"窗格中选中要应用到视觉对象中的字段"金额"和"项目"，然后在"可视化"窗格中单击"瀑布图"按钮 ，即可在画布中基于选中的字段创建一个瀑布图，如图 6-23 所示。

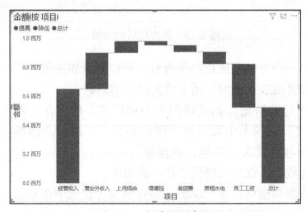

图 6-23   创建的瀑布图

（3）调整视觉对象的大小和位置后，在"可视化"窗格中切换到"格式"选项卡，展开"情绪颜色"选项，设置提高、降低和总计的数据柱形颜色，如图 6-24 所示。

（4）在"格式"选项卡中设置标题、图例和 X 轴的文本对应的字号大小、颜色和位置；取消显示 Y 轴及标题；显示数据标签，设置标签文本的字号大小和颜色；显示边框，并设置边框颜色和半径。最终效果如图 6-25 所示。

图 6-24　设置情绪颜色

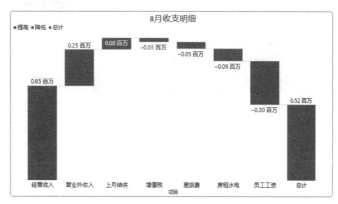

图 6-25　格式化的瀑布图

从图 6-25 中可以看到，瀑布图通过柱体垂直高度展示数据大小，直观易辨，而且智能判断了数据的正负，并分别使用不同的颜色标明。瀑布图可以清晰、直观地反映某项数据经过一系列增减变化后，最终成为另一项数据的过程。例如，本例制作的瀑布图展示了从经营收入、营业外收入和上月结余中扣除各种费用、税费等支出得出余额的变化细节。

6.1.6　散点图和气泡图——质量指标抽样

散点图是用于研究两个变量之间关系的经典图表，有两个数值轴，沿水平轴（X轴）方向显示一组数值数据，沿垂直轴（Y轴）方向显示另一组数值数据，在 X 轴和 Y 轴数值的交叉处显示散点（坐标点），利用散点的分布形态反映变量统计关系。

气泡图与散点图类似，不同的是，气泡图在"可视化"窗格的"字段"选项卡中有一个"大小"选项，用于设置气泡的大小。

散点图能直观呈现影响因素和预测对象之间的总体关系趋势，多用于科学数据、统计数据和工程数据，显示和比较数值。如果数据集中包含大量散乱的数据点，散点图便是最佳图表类型。如果需要对某对象的双项指标进行衡量，则通常使用气泡图。

下面通过制作15家工厂生产的某类产品的两个质量指标抽样数据的可视化图表，介绍散点图和气泡图的制作方法。

（1）加载数据表。数据表在数据视图中的显示效果如图 6-26 所示。

图 6-26　原始数据

（2）切换到报表视图，在"字段"窗格中选中要应用到视觉对象中的字段（如图 6-27 所示），然后在"可视化"窗格中单击"散点图"按钮，即可在画布中基于选中的字段创建一个散点图，如图 6-28 所示。

默认情况下，散点图以圆点显示数据点。

（3）在"可视化"窗格的"字段"选项卡中，可查看散点图的字段位置，如图 6-29 所示。

（4）调整视觉对象的大小和位置后，在"可视化"窗格中切换到"格式"选项卡，展开"形状"选项，设置标记形状和大小，如图 6-30 所示。展开"类别标签"，设置标签颜色和文本大小，如图 6-31 所示。

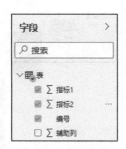

图 6-27　选择字段

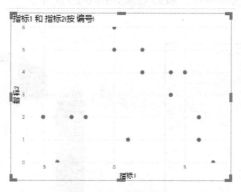

图 6-28　生成散点图

图 6-29　散点图的字段设置

图 6-30　设置标记形状和大小

图 6-31　设置类别标签

（5）在"格式"选项卡中设置标题、边框、横纵轴的文本对应的字号大小和颜色，以及线条颜色，效果如图 6-32 所示。

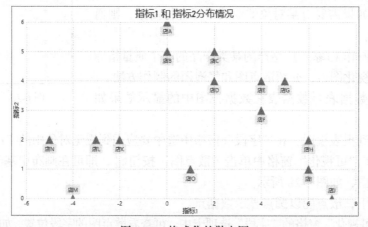

图 6-32　格式化的散点图

接下来添加平均值线，便于查看各个抽样的质量指标分布情况。

（6）在"可视化"窗格中切换到"分析"选项卡，展开"平均值线"选项，单击"添加"按钮，添加一条平均值线，指定度量值为"指标 1"，颜色为红色，如图 6-33 所示。用同样的方法添加"指标 2"的平均值线，如图 6-34 所示。

图 6-33　添加"指标 1"的平均值线

图 6-34　添加"指标 2"的平均值线

此时，在报表画布中可以看到散点图如图 6-35 所示。

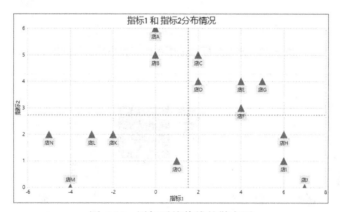

图 6-35　添加平均值线的散点图

接下来制作气泡图。

（7）复制报表页面，重命名为"气泡图"。在"字段"窗格中将字段"辅助列"拖放到"可视化"窗格"字段"选项卡的"大小"编辑框中，如图 6-36 所示。

此时的视觉对象如图 6-37 所示。

（8）在"可视化"窗格的"格式"选项卡中，将标记形状修改为圆点，大小为−10；然后设置 X 轴的范围为−6～8，Y 轴的范围为−1～7。效果如图 6-38 所示。

本例中，气泡的大小反映辅助列的数值大小，将鼠标指针移到其中一个气泡上，可以查看该气泡代表的详细信息，如图 6-39 所示。

图 6-36　设置"大小"字段

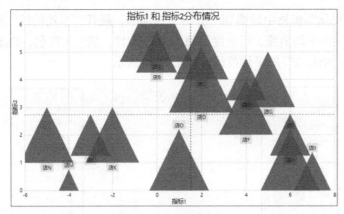

图 6-37   气泡图

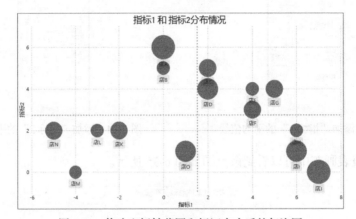

图 6-38   修改坐标轴范围和标记大小后的气泡图

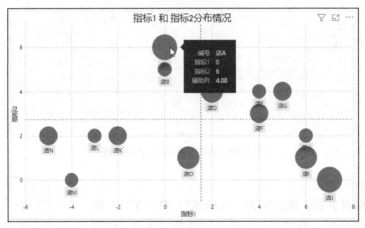

图 6-39   查看数据

6.1.7   漏斗图——网购下单转化率

漏斗图——网购
下单转化率

漏斗图也称倒三角图,由堆积条形图演变而来,常用于对比显示流程中多个阶段的值。通常情况下,值逐渐减小,从而使条形图呈现出漏斗形状。漏斗图适用于业务流程比较规范、周期长、环节多的流程分析,通过漏斗各环节业务数据的比较,能够直观地发现问题所在。

在网站分析中,漏斗图通常用于比较转化率,它不仅能展示用户从进入网站到实现购买的最终转化率，还可以展示每个步骤的转化率。下面通过制作报表查看某网店客户从浏览商品到最终完成支付的业务流程情况，介绍漏斗图的制作方法。

（1）加载数据表。数据表在数据视图中的显示效果如图 6-40 所示。

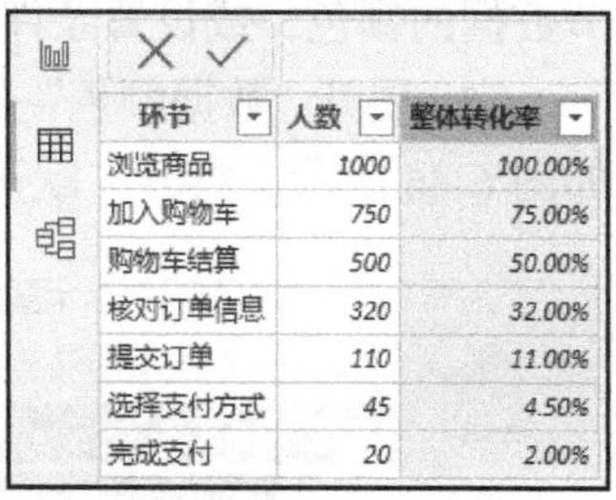

（2）切换到报表视图，在"字段"窗格中选中要应用到视觉对象中的字段（如图 6-41 所示），然后在"可视化"窗格中单击"漏斗图"按钮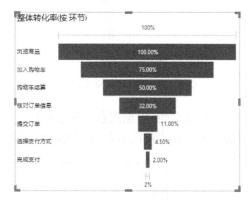，即可在画布中基于选中的字段创建一个漏斗图，如图 6-42 所示。

图 6-40　原始数据

图 6-41　选择字段

图 6-42　生成的漏斗图

（3）调整视觉对象的大小和位置后，在"可视化"窗格中切换到"格式"选项卡，展开"数据标签"选项，设置标签样式为"上一个的百分比"，文本颜色为白色，大小为 12 磅，如图 6-43 所示。展开"转换率标签"选项，设置标签颜色和文本大小，如图 6-44 所示。

图 6-43　设置数据标签

图 6-44　设置转换率标签

（4）在"格式"选项卡中设置标题、X 轴和 Y 轴的文本对应的字号大小和颜色，并显示边框和阴影，效果如图 6-45 所示。

默认情况下，所有环节的数据显示为同一种颜色，用户可以根据需要修改某些特定环节数据的颜色，或设置条件自动更改环节数据的颜色。

（5）展开"数据颜色"选项，单击"默认颜色"下拉列表框右侧的"高级控件"按钮 fx，如图6-46所示，打开"默认颜色-数据颜色"对话框。

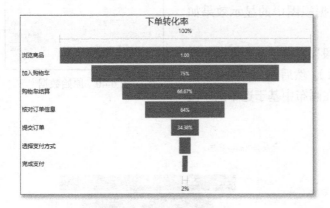

图6-45　格式化的漏斗图

图6-46　单击"高级控件"按钮

（6）在"默认颜色-数据颜色"对话框中，"依据为字段"选择"整体转化率的总和"，然后设置最小值和最大值的颜色分别为红色和蓝色，如图6-47所示。

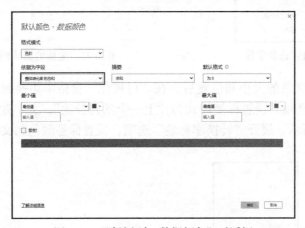

图6-47　"默认颜色-数据颜色"对话框

（7）设置完成后，单击"确定"按钮关闭对话框，可以看到漏斗图中的数据条依据整体转化率的值，从高到低，颜色由蓝色渐变为红色，如图6-48所示。

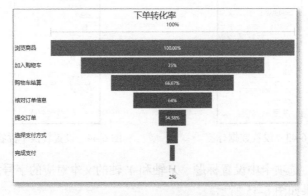

图6-48　修改数据颜色后的漏斗图

（8）将鼠标指标移到要查看的数据环节（例如"提交订单"），即可弹出工具提示，显示该环节的名称、整体转化率、第一个的百分比和上一个的百分比，如图 6-49 所示。

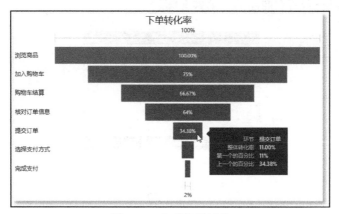

图 6-49　查看数据环节

从数据中可以看出，虽然商品被浏览并放入了购物车，但是提交订单的只占加入购物车数量的 11%，有些客户即使核对了订单信息也没有提交，最终提交订单的只占核对订单信息数量的 34.38%。网店可在商品的评价、价格和服务等方面进行进一步分析，找出提交订单率低的原因。

6.1.8　卡片图和多行卡——商品成本与销售收入分析

如果要突出展示某个指标的数值，如总成本、销售额、同比增长率等，可以使用卡片图。如果要同时展示多个指标的数据，可以使用多行卡。

下面通过制作商品的成本与销售收入分析可视化图表，介绍卡片图与多行卡的使用方法。

（1）加载数据，在"字段"窗格中选中要应用到视觉对象中的字段"成本金额"，如图 6-50 所示。然后在"可视化"窗格中单击"卡片图"按钮，即可在画布中基于选中的字段创建一个卡片图，如图 6-51 所示。

图 6-50　选择字段

图 6-51　创建卡片图

利用该卡片图可以查看所有商品的总成本。

（2）调整卡片图的大小和位置。在"可视化"窗格的"格式"选项卡中，修改数据标签的颜色为黑色，对应的字号大小为 50 磅；取消显示类别标签；显示标题，修改标题文本和大小、字体颜色和背景色，以及对齐方式；显示边框。效果如图 6-52 所示。

图 6-52　格式化的卡片图

（3）复制已制作好的卡片图，在"字段"窗格中修改选中的字段为"销售金额"，然后在"格式"选项卡中修改标题文本。调整两个卡片图的大小和位置，效果如图6-53所示。利用该卡片图可以查看所有商品的总销售金额。

图6-53 卡片图

接下来使用多行卡展示各种商品的成本和销售信息。

（4）取消选中任一视觉对象，在"可视化"窗格中单击"多行卡"按钮，然后在"字段"窗格中选择要应用于视觉对象的字段，如图6-54所示，即可基于所选字段创建多行卡，如图6-55所示。

图6-54 选择字段

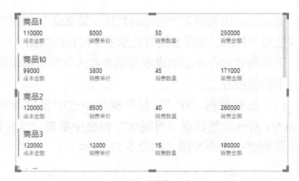

图6-55 创建的多行卡

（5）在"格式"选项卡展开"数据标签"选项，设置标签颜色和文本大小。展开"类别标签"选项，修改类别标签的颜色和文本大小，如图6-56所示。

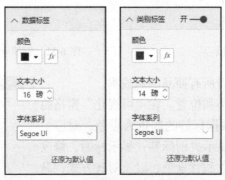

图6-56 设置数据标签和类别标签

（6）展开"卡标题"选项，设置标题颜色和文本大小；展开"卡片图"选项，设置边框位置、轮廓线颜色和粗细、数据条颜色和粗细，以及填充量，如图 6-57 所示。

图 6-57　设置卡标题和卡片图

（7）展开"背景"选项，设置背景颜色和透明度；显示多行卡的边框。设置格式后的效果如图 6-58 所示。

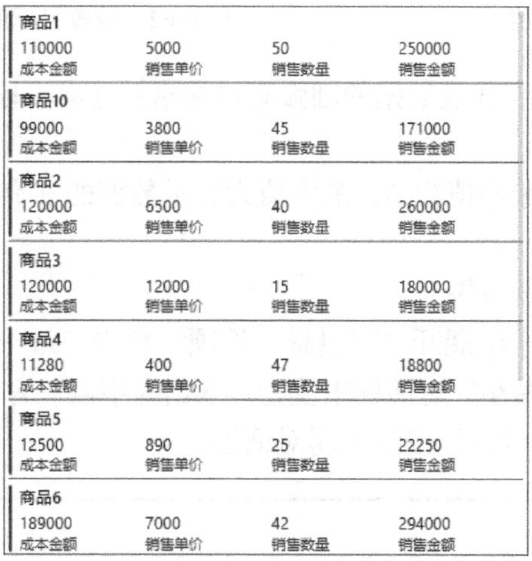

商品1			
110000	5000	50	250000
成本金额	销售单价	销售数量	销售金额
商品10			
99000	3800	45	171000
成本金额	销售单价	销售数量	销售金额
商品2			
120000	6500	40	260000
成本金额	销售单价	销售数量	销售金额
商品3			
120000	12000	15	180000
成本金额	销售单价	销售数量	销售金额
商品4			
11280	400	47	18800
成本金额	销售单价	销售数量	销售金额
商品5			
12500	890	25	22250
成本金额	销售单价	销售数量	销售金额
商品6			
189000	7000	42	294000
成本金额	销售单价	销售数量	销售金额

图 6-58　格式化后的多行卡

6.1.9　仪表——预算成本与实际成本

仪表——预算成本
与实际成本

仪表常用于显示某个指标的进度或某个目标的完成情况，常用于经营数据分析、财务指标跟踪、绩效考核等方面。

下面以分析某产品的成本是否超出预算为例，介绍仪表的制作方法。

（1）加载数据，在"字段"窗格中选中用于创建仪表的字段，如图 6-59 所示。然后在"可视化"窗格中单击"仪表"按钮 ⚫，即可基于选中字段创建仪表，如图 6-60 所示。

图 6-59　选择字段

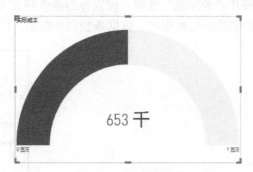

图 6-60　创建的仪表

（2）将"字段"窗格中的字段"预算成本"拖放到"可视化"窗格"字段"选项卡的"目标值"编辑框中，如图 6-61 所示。此时的仪表使用一根指针指示目标值，如图 6-62 所示。

图 6-61　设置目标值

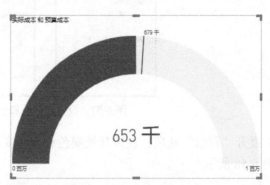

图 6-62　设置目标值的仪表

从图 6-62 中可以看到，代表数据的圆弧离目标指针还有一段距离，说明实际成本没有超出预算。

默认情况下，仪表的最小值为 0，最大值为展示数据的 2 倍，因此仪表中代表数据的圆弧正好显示在正中央。

接下来修改仪表的数据范围。

（3）在"格式"选项卡中展开"测量轴"选项，单击"最小"编辑框右侧的"高级控件"按钮 fx，在打开的"最小"对话框中设置"依据为字段"为"实际成本的最小值"，如图 6-63 所示。然后单击"确定"按钮关闭对话框。

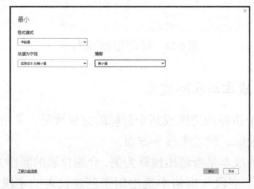

图 6-63　设置最小值

（4）在"最大"编辑框中输入900000，如图6-64所示。展开"数据标签"选项，设置标签颜色和文本大小，如图6-65所示。

图6-64　设置测量轴　　　　　　　　图6-65　设置数据标签

此时的仪表如图6-66所示。

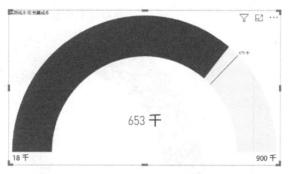

图6-66　设置测量轴和数据标签后的仪表

（5）展开"数据颜色"选项，设置目标数据显示为红色，如图6-67所示；展开"目标"选项，设置目标值的显示颜色和文本大小，如图6-68所示。

图6-67　设置数据颜色　　　　　　　图6-68　设置目标值的颜色和文本大小

此时的仪表如图 6-69 所示。

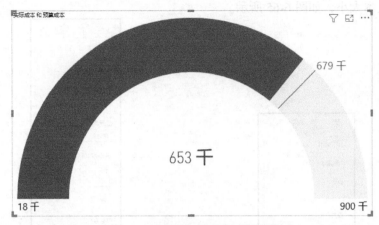

图 6-69   设置目标值格式后的仪表

（6）展开"标注值"选项，修改标注值的颜色，如图 6-70 所示。展开"标题"选项，修改标题颜色、字号大小和显示位置，最终的仪表效果如图 6-71 所示。

图 6-70   设置标注值

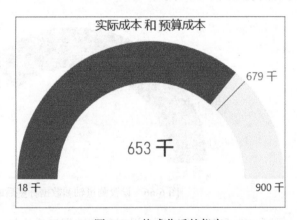

图 6-71   格式化后的仪表

（7）将鼠标指针移到仪表上，通过弹出的工具提示，可以查看实际成本和预算成本的详细值，如图 6-72 所示。

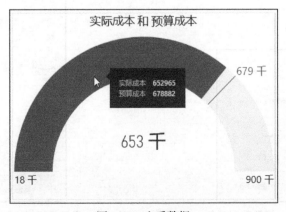

图 6-72   查看数据

6.1.10　KPI——销售目标完成情况

KPI（Key Performance Indicator，关键绩效指标）是通过对组织内部流程的关键参数进行设置、取样、计算、分析，衡量流程绩效表现的一种目标式量化管理指标，是企业绩效管理的重要组成部分。KPI 图常用于衡量当前值与目标值的差异和趋势。

KPI——销售目标
完成情况

下面通过分析某门店上半年实际销售额与目标销售额之间的差距，介绍 KPI 图表的制作方法。

（1）加载数据，在"可视化"窗格中单击"KPI"按钮▥，然后在"字段"窗格中分别将字段"实际销售额""月份"和"目标销售额"拖放到"可视化"窗格的"字段"选项卡相应的字段编辑框中，设置字段位置，如图 6-73 所示。即可基于字段设置创建 KPI 图表，如图 6-74 所示。

图 6-73　设置字段位置

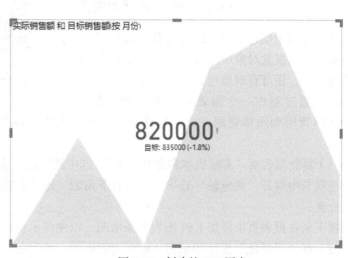

图 6-74　创建的 KPI 图表

（2）切换到"格式"选项卡，在"指标"选项中设置指标的单位和字号大小；在"走向轴"中修改阴影区域的透明度；展开"目标"选项，设置目标的标签文本和类别、颜色和字号；单击"日期"选项右侧的开关按钮，在视觉对象中显示日期；设置标题文本、字号和显示位置；显示边框。效果如图 6-75 所示。

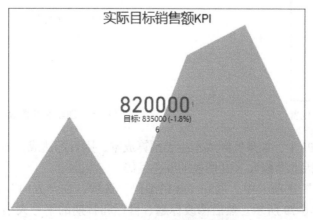

图 6-75　格式化后的 KPI 图表

从图中可以看到，上半年最后一个月的实际销售额为 820 000，目标销售额为 835 000，KPI 指标为-1.8%，也就是实际销售额距离目标销售额未完成的百分比。图 6-75 中的红色阴影区域反映上半年 6 个月中，实际销售额的变动趋势。

提示：阴影的颜色可反映目标是否达成。默认情况下，红色代表未达成目标；黄色代表和目标持平；绿色代表达成目标。

（3）如果要修改阴影的颜色，在"格式"选项卡中展开"颜色编码"选项，根据实际需求设置方向和颜色，如图 6-76 所示。

其中，"方向"用于设置指标与目标的关系。如果指标越高越好，则选择"较高适合"，反之选择"较低适合"。"颜色正确"代表达成目标；"中性色"代表指标与目标持平；"颜色错误"代表未达成目标。

图 6-76　设置颜色编码

6.1.11　切片器——分析产品的各项成本费用

切片器用于创建页面级的筛选器，可以筛选当前报表页中其他视觉对象中的数据。使用切片器，不仅能筛选数据，还可直观地查看筛选信息。

下面通过制作一个报表分析某种产品各项成本的实际费用和预算费用，介绍制作切片器并利用切片器筛选数据的方法。

（1）复制报表页"实际成本和预算成本"，选中其中的仪表，在"可视化"窗格的"格式"选项卡中展开"测量轴"选项，单击右下角的"还原为默认值"按钮，恢复测量轴的默认设置。

接下来在报表页中添加 KPI 图表和条形图，以便演示切片器的效果。

（2）在"可视化"窗格中单击"KPI"按钮 ，然后在"字段"窗格中，将需要的字段分别拖放到"可视化"窗格"字段"选项卡的相应字段编辑框中，如图 6-77 所示，创建 KPI 图表，如图 6-78 所示。

图 6-77　设置字段位置

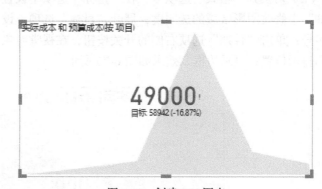

图 6-78　创建 KPI 图表

本例希望在 KPI 中，如果实际成本小于预算成本，则目标达成，显示为绿色，否则显示为红色或黄色，因此要修改 KPI 图表的颜色编码。

（3）在"格式"选项卡中，展开"颜色编码"选项，在"方向"下拉列表框中选择"较低适合"，如图 6-79 所示。然后修改标题、目标和日期的字号大小，添加边框，效果如图 6-80 所示。

图 6-79 设置颜色编码

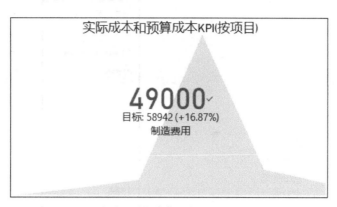

图 6-80 格式化后的 KPI 图表

从图表中可以看到，阴影颜色为绿色，表明制造费用没有超出预算。

（4）在"可视化"窗格中单击"簇状条形图"按钮，然后在"字段"窗格中，将需要的字段分别拖放到"可视化"窗格"字段"选项卡的相应字段编辑框中（如图 6-81 所示），创建簇状条形图。在"格式"选项卡中格式化簇状条形图，效果如图 6-82 所示。

图 6-81 设置字段位置

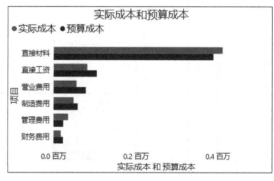

图 6-82 格式化后的簇状条形图

接下来创建切片器对各项成本进行筛选分析。

（5）在"可视化"窗格中单击"切片器"按钮，然后在"字段"窗格中选中"项目"字段，即可创建一个切片器，如图 6-83 所示。

注意：创建切片器的字段必须是当前报表页中其他视觉对象的数据源表中的字段，或者创建切片器的字段所属的数据源表与其他视觉对象的数据源表之间必须存在数据关系，这样切片器才能与其他视觉对象建立关联，从而筛选数据。

（6）切换到"格式"选项卡，展开"切片器标头"选项，修改标题文本、字体颜色，指定边框位置和文本大小，如图 6-84 所示。

（7）展开"选择控件"选项，打开"显示'全选'选项"，如图 6-85 所示。

（8）展开"项目"选项，设置筛选项目的字体颜色、边框和文本大小，如图 6-86 所示。然后显示视觉对象的边框，效果如图 6-87 所示。

默认情况下，切片器中的项目使用列表形式显示。将鼠标指针移到切片器标头右上角，单击"选择切片器类型"按钮，可以修改切片器类型，如图 6-88 所示。"下拉"类型的切片器如图 6-89 所示，单击"所有"右侧的下拉按钮，即可弹出项目下拉列表。

图 6-83 创建的切片器

图 6-84 设置切片器标头

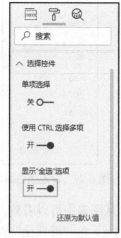

图 6-85 设置选择控件

图 6-86 设置"项目"选项

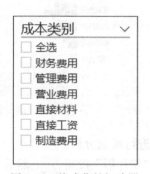

图 6-87 格式化的切片器

图 6-88 选择切片器类型

（9）利用字段"实际成本"创建一个切片器。在"可视化"窗格的"格式"选项卡中设置切片器标头、边框样式；展开"数值输入"选项，设置字体颜色和文本大小，如图 6-90 所示。设置格式后的切片器如图 6-91 所示。

（10）利用字段"预算成本"创建一个"列表"类型的切片器。在"可视化"窗格的"格式"选项卡中设置切片器标头、边框样式；展开"项目"选项，设置字体颜色和文本大小。然后调整报表页中视觉对象的大小和位置，效果如图 6-92 所示。

图 6-89 "下拉"类型的切片器

图 6-90 设置"数值输入"选项

图 6-91 格式化的切片器

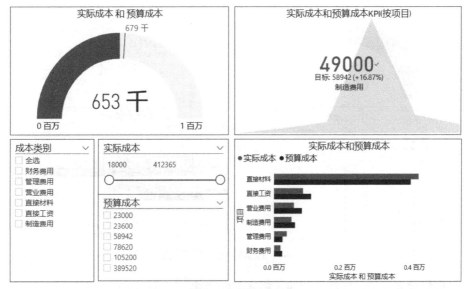

图 6-92 报表页面

切片器创建完成后,接下来就可以利用切片器筛选数据了。

(11)在"成本类别"切片器中选中"直接材料"复选框,报表页中其他视觉对象随之发生相应的变化,仅显示筛选结果,如图 6-93 所示。

提示:如果要选择多个选项,按住 Ctrl 键选中需要的复选框。

从图 6-93 中的仪表可以看到,直接材料的实际成本超出了预算;KPI 图表使用红色指标值显示实际成本,说明超出了预算,超出百分比为 5.86%;"预算成本"切片器中显示了该项成本的具体预算;簇状条形图使用条形直观地显示了实际成本与预算成本的对比。

(12)将鼠标指针移到切片器上,单击标头右上角的"清除选择"按钮 ◇,取消筛选。在"实际成本"切片器的两个数值输入框中分别输入要查看的实际成本的起止数值,指定范围,按 Enter 键,当前报表页中的其他视觉对象随之变化,显示指定实际成本范围内的筛选结果,如图 6-94 所示。

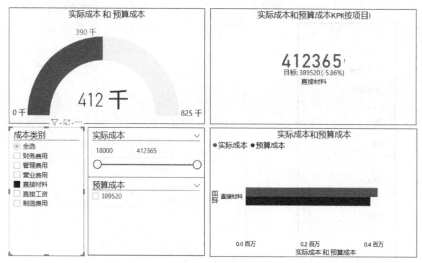

图 6-93　筛选结果

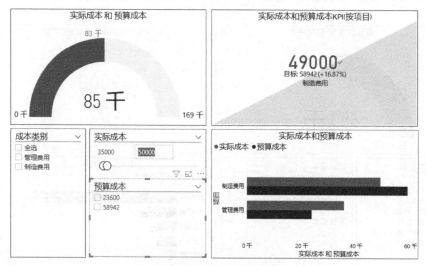

图 6-94　按实际成本范围筛选

除了直接输入数值，拖动数值输入框底部的滑块，也可以方便地设置数值范围。默认情况下，筛选介于两个数值之间的数据，单击切片器标头右上角的"选择切片器类型"按钮，在弹出的下拉菜单中可以选择筛选数据的方式，如图 6-95 所示。如果选择"小于或等于"，则第一个数值输入框不可用，如图 6-96 所示；如果选择"大于或等于"，则第二个输入框不可用，如图 6-97 所示。

图 6-95　选择切片器类型

图 6-96　小于或等于

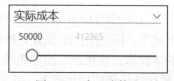

图 6-97　大于或等于

（13）将鼠标指针移到切片器上，单击标头右上角的"清除选择"按钮◇，取消筛选。在"预算成本"切片器中，按住 Ctrl 键选中两个复选框，当前报表页中的其他视觉对象随之变化，显示指定预算成本的筛选结果，如图 6-98 所示。

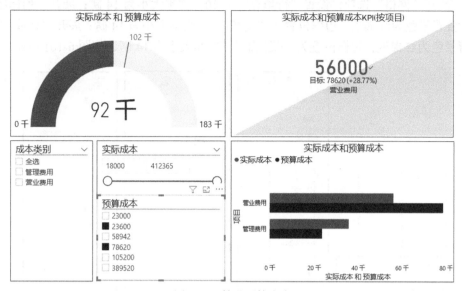

图 6-98　筛选预算成本

6.1.12　表和矩阵——医疗费用统计

表和矩阵——医疗
费用统计

Power BI Desktop 中的"表"视觉对象不仅可以在报表中以表格的形式显示多个字段的明细数据、计算数值型字段的总计，还可以使用条件格式为不同字段应用不同的格式，美化报表的同时增强数据的可读性。

"矩阵"视觉对象与"表"类似，也按行、列显示字段的数据信息，应用条件格式突出显示矩阵内的元素大小。此外，矩阵还可以对行、列中的值进行汇总，如果行中有多个级别的字段，还可以使用钻取功能查看各个层级的数据。

下面通过在报表中使用视觉对象"表"和"矩阵"展示某公司员工的医疗费用，介绍表和矩阵的制作和分析方法。

（1）在"可视化"窗格中单击"表"按钮▦，然后在"字段"窗格中选中要展示的字段（如图 6-99 所示），即可在报表画布中创建一个表格显示选中的字段信息，如图 6-100 所示。

所属部门	员工姓名	医疗费用	报销金额
财务部	肖雅娟	1400	980
财务部	杨小茉	550	440
广告部	王荣	900	675
广告部	张晴晴	800	600
人资部	白雪	200	160
人资部	苏攸攸	320	256
销售部	陆谦	250	200
销售部	徐小旭	380	304
研发部	黄岘	150	120
研发部	李想	1500	1050
研发部	谢小磊	330	264
研发部	赵峥嵘	180	144
总计		6960	5193

图 6-99　选择字段　　　　　　　图 6-100　创建的表

（2）在"可视化"窗格中切换到"格式"选项卡，展开"样式"选项，设置样式为"交替行"；展开"网格"选项，设置"行填充"为 10，文本大小为 14 磅；展开"列标题"选项，设置背景色为红褐色，边框位置为"仅底部"，文本大小为 14 磅；展开"总数"选项，设置背景色为红褐色，边框位置为"仅顶部"，文本大小为 14 磅，如图 6-101 所示。

图 6-101　设置表的格式

此时的表效果如图 6-102 所示。

（3）如果要设置字段的字体颜色和背景色，可以展开图 6-103 所示的"字段格式设置"选项进行设置。可根据需要选择是否将指定的颜色和对齐方式应用到标题和总计。本例保留默认设置。

图 6-102　格式化后的表

图 6-103　"字段格式设置"选项

　　接下来在"医疗费用"列设置条件格式，使用数据条和图标直观地显示费用的多少。

　　（4）展开"条件格式"选项，在字段下拉列表框中选择"医疗费用"，然后打开"数据条"开关，即可看到"医疗费用"列值单元格中根据值的大小显示长短不一的数据条，如图 6-104 所示。

　　（5）如果要修改数据条的颜色，在"条件格式"选项中的"数据条"右下角单击"高级控件"按钮，在图 6-105 所示的"数据条–医疗费用"对话框中，分别修改正值条形图和负值条形图的颜色。设置完成后，单击"确定"按钮关闭对话框，应用修改。

　　（6）在"条件格式"选项的字段下拉列表框中选择"报销金额"，然后打开"图标"开关，即可看到"报销金额"列值单元格中根据值的大小均分为 3 个等级，分别显示不同的图标，如图 6-106 所示。

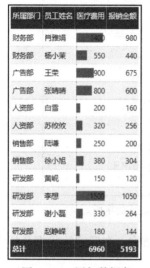

图 6-104　添加数据条

图 6-105　修改数据条颜色

图 6-106　添加图标

　　（7）如果要修改图标格式的数据划分规则，在"条件格式"选项中的"图标"右下角单击"高级控件"按钮，打开"图标–报销金额"对话框。修改规则依据、图标样式和规则，如图 6-107 所示。

图 6-107　修改规则

（8）设置完成后，单击"确定"按钮关闭对话框，即可按指定的规则应用条件格式，如图 6-108 所示。

从图 6-108 中可以看到，报销金额在 150 及以下的显示绿色旗帜图标；150~600（含）的单元格中显示黄色旗帜图标；600~1500（含）的单元格中显示红色旗帜图标。

接下来利用矩阵视觉对象分析各个季度、各月以及各个日期的费用情况。

（9）新建一个报表页，在"可视化"窗格中单击"矩阵"按钮 ▦，然后在"字段"窗格中将要应用于视觉对象的字段分别拖放到"字段"选项卡的相应编辑框中，如图 6-109 所示。

图 6-108 修改规则后的图标

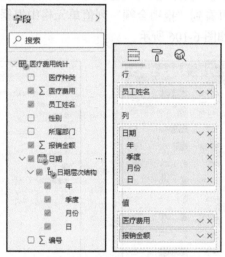

图 6-109 设置矩阵的字段

从图 6-109 中可以看到，本例中的"日期"字段具有层次结构，在后续的数据分析中可以使用钻取功能查看各个层级的数据。

（10）调整矩阵的大小和位置，在矩阵的顶部或底部可以看到查看层级结构的功能按钮，如图 6-110 所示。

| 年 | 2020 | | 总计 | |
员工姓名	医疗费用	报销金额	医疗费用	报销金额
白雪	200	160	200	160
黄岘	150	120	150	120
李想	1500	1050	1500	1050
陆谦	250	200	250	200
苏攸攸	320	256	320	256
王荣	900	675	900	675
肖雅娟	1400	980	1400	980
谢小磊	330	264	330	264
徐小旭	380	304	380	304
杨小茉	550	440	550	440
张晴晴	800	600	800	600
赵婷嵘	180	144	180	144
总计	6960	5193	6960	5193

图 6-110 创建的矩阵

（11）切换到"格式"选项卡，设置样式为"交替行"；网格的行填充为 10；列标题的背景颜色为红褐色，边框位置为"仅底部"，文本大小为 14 磅；行标题的背景颜色为红褐色，边框位置为"仅右侧"，文本大小为 12 磅；"值"的文本大小为 12 磅；"总计"字体颜色为红褐色，文本大小为 12 磅。此时的矩阵效果如图 6-111 所示。

（12）在"格式"选项卡中展开"条件格式"选项，字段选择"医疗费用"，打开"背景色"的开关，如图 6-112 所示。在矩阵中可以看到，"医疗费用"列值单元格中自动根据值大小填充深浅不一的颜色，如图 6-113 所示。

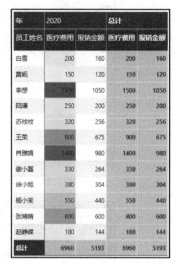

图 6-111　设置格式后的矩阵　　图 6-112　设置条件格式　　图 6-113　应用条件格式突出显示数据

本例只要突出显示医疗费用在 1000 ~ 5000 的数据，接下来修改条件格式的规则。

（13）单击"背景色"选项右下角的"高级控件"按钮，打开"背景色–医疗费用"对话框。设置"格式模式"为"规则"，"依据为字段"为"医疗费用的总和"，然后修改规则，设置值大于或等于 1000 且小于 5000 的值单元格背景色为红色，如图 6-114 所示。

图 6-114　设置规则

（14）单击"确定"按钮关闭对话框，在报表中可看到指定范围的"医疗费用"列值单元格背景色显示为红色，如图 6-115 所示。

接下来查看 2020 年每个季度、每个月以及指定月份各天的费用情况。

（15）在单元格"2020"上右击，从弹出的快捷菜单中选择"向下钻取"命令，如图 6-116 所示。即可显示 2020 年各个季度的费用情况，如图 6-117 所示。

提示：有关"钻取"命令的使用方法和说明将在第 7 章详细介绍。

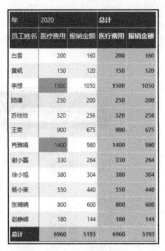

图 6-115 应用条件格式

图 6-116 选择"向下钻取"命令

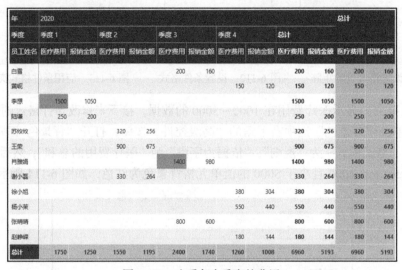

图 6-117 查看各个季度的费用

（16）在"季度 3"单元格上右击，从弹出的快捷菜单中选择"向下钻取"命令，即可显示第三季度各个月份的费用情况，如图 6-118 所示。

图 6-118 查看第三季度各月的费用

（17）单击某个要着重查看的数据，其他不相关的数据灰显，以突出显示选中的数据，如图 6-119 所示。

除了使用快捷菜单中的"向下钻取"命令和"显示下一级别"命令，利用视觉对象顶部或底部的层级结构功能按钮，也可以很方便地查看各个层级的数据。

图 6-119 突出显示数据

（18）单击"转至层次结构中的下一级别"按钮↓↓，可以查看第三季度各个月中各天的费用情况，如图 6-120 所示。

日	10		12		18		总计	
员工姓名	医疗费用	报销金额	医疗费用	报销金额	医疗费用	报销金额	医疗费用	报销金额
白雪			200	160			200	160
肖雅娟	1400	980					1400	980
张晴晴					800	600	800	600
总计	1400	980	200	160	800	600	2400	1740

图 6-120 查看各天的费用

（19）如果要返回上一级层次结构，单击"向上钻取"按钮↑，或选择快捷菜单中的"向上钻取"命令。

组合图——年降水量统计

6.1.13 组合图——年降水量统计

组合图是将两个或两个以上的数据系列用不同类型的图表显示，合并为一个图表。因此要创建组合图，必须至少选择两个数据系列。Power BI Desktop 内置了两种组合图视觉对象——"折线和堆积柱状图" 与 "折线和簇状柱形图"。

下面通过制作某地的年降水量统计图，介绍组合图"折线和簇状柱形图"的制作方法。"折线和堆积柱状图"的制作方法与此大同小异。

（1）在"可视化"窗格中单击"折线和簇状柱形图"按钮 ，然后在"字段"窗格中将用于视觉对象的字段依次拖放到"字段"选项卡中相应的字段位置。"月份"位于共享轴，各个年份拖放到"列值"区域，字段"2019年"放置在"行值"区域，如图 6-121 所示。

此时，在报表画布中可以看到基于选定字段创建的视觉对象，如图 6-122 所示。

本例中，4 种不同颜色的柱形分别展示 2015～2018 年各个

图 6-121 设置字段位置

月份的降水量，折线图显示 2019 年各个月份的降水量。从而可以很直观地比较 2019 年与其他年份各个月份的降水量。

（2）调整组合图的大小和位置，然后在"可视化"窗格中切换到"格式"选项卡，修改标题文本、字号和位置；设置图例、*X* 轴和 *Y* 轴的文本颜色与字号；指定标记形状和大

小。最终效果如图 6-123 所示。

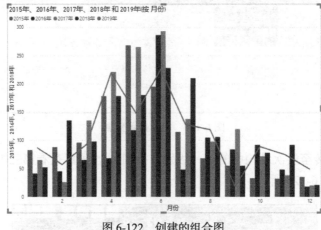

图 6-122   创建的组合图

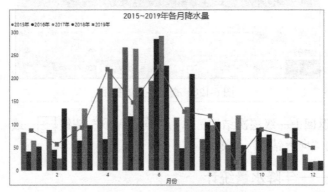

图 6-123   格式化的组合图

6.2   本章小结

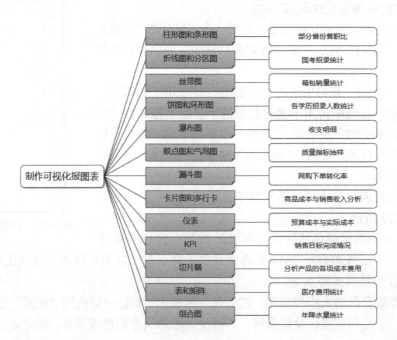

第 7 章　数据可视化分析

前面几章讲解了数据获取、整理和建模，以及制作视觉对象，这些都是实现数据可视化分析的准备工作。Power BI 作为一款功能强大的交互式数据可视化工具，能够帮助用户有效地简化庞杂的数据，快速挖掘有价值的信息，对数据进行多角度分析，从而辅助决策。

7.1　使用筛选器——展会信息表

在深入探究数据时通常要按分析需求筛选数据，以挖掘隐含的有价值信息。使用筛选器，可对指定数据进行查找，仅显示包含某一特定值或符合一组条件的数据。Power BI 关系会将应用于模型表列的筛选器传播到其他模型表。只要有关系路径可循，筛选器就会进行传播。关系路径是确定性的，这意味着筛选器会始终以相同的方式传播，而不会随机变化。

7.1.1　视觉对象筛选器

视觉对象筛选器是指应用在某个视觉对象上的筛选器。

（1）打开报表，选中要进行筛选的视觉对象（如图 7-1 所示的展商数量饼图），在"筛选器"窗格中可以看到当前视觉对象上的筛选器，如图 7-2 所示。

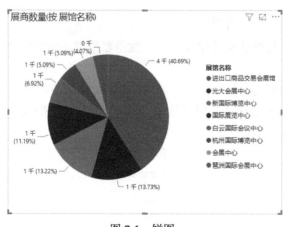

图 7-1　饼图

图 7-2　"筛选器"窗格

（2）单击要筛选字段右侧的"展开"按钮 $\boxed{\vee}$，可以看到"筛选类型"和该字段中的所有值复选框，如图 7-3 所示。

（3）在"筛选类型"下拉列表框中选择筛选数据的方式，默认为"基本筛选"，如图 7-4 所示。

（4）选中要筛选的值字段，如图 7-5 所示。如果只筛选字段中的某一个值，则选中字段值列表框下方的"需要单选"复选框，然后选择需要的字段值。画布中选中的视觉对象随之发生相应的变化，如图 7-6 所示。

图 7-3　查看筛选的值字段

图 7-4　筛选类型

图 7-5　选中要筛选的值字段

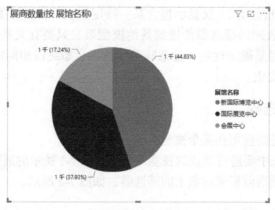

图 7-6　筛选结果

　　如果需要进行筛选的字段较多，且筛选条件比较复杂，就需要使用高级筛选简化筛选工作，提高工作效率。

　　（5）在筛选字段右侧单击"清除筛选器"按钮◇，如图 7-7 所示，取消数据筛选。

　　（6）在"筛选类型"下拉列表框中选择"高级筛选"，列表框下方显示筛选条件，如图 7-8 所示。

图 7-7　清除筛选器

图 7-8　高级筛选

从图 7-8 中可以看到，高级筛选功能可以使用两个条件筛选数据。其中，"且"表示同时满足两个条件；"或"表示只要满足其中一个条件即可。

（7）设置筛选条件。第一个条件为字段值中包含"国际"，第二个条件为字段值中不包含"会展"，两个条件之间的关系为"且"，如图 7-9 所示。

（8）单击"应用筛选器"按钮，画布中选中的视觉对象随之发生变化，仅显示同时满足这两个指定条件的数据，如图 7-10 所示。

（9）如果将这两个条件之间的逻辑关系修改为"或"，则筛选出满足其中任一条件的数据。也就是说，筛选"展馆名称"中包含"国际"，或者不包含"会展"的数据，如图 7-11 所示。

图 7-9　设置筛选条件

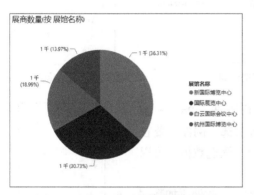

图 7-10　"且"关系的高级筛选结果

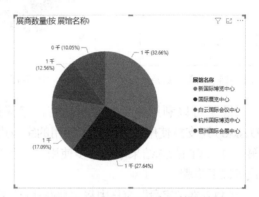

图 7-11　"或"关系的高级筛选结果

如果要筛选的字段值是数值，可以直接使用两个条件进行筛选。例如，展开"展商数量"筛选器卡，可以设置条件筛选展商数量小于或等于 500，或者大于或等于 3000 的展馆信息，如图 7-12 所示。单击"应用筛选器"按钮，视觉对象随之自动更新，显示筛选结果，如图 7-13 所示。

图 7-12　设置筛选条件

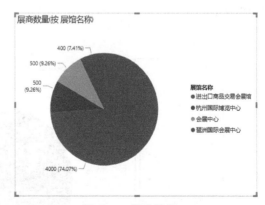

图 7-13　筛选结果

如果要按某个字段值的升序或降序筛选前 N 条或后 N 条记录，可以使用第三种筛选方式。例如，要筛选展商数量位居前五的展馆数据，可以执行以下操作。

（10）更改筛选类型之前，先清除已有的筛选器。在筛选字段右侧单击"清除筛选器"按钮，取消数据筛选。

（11）在"筛选类型"下拉列表框中选择"前 *N* 个"，由于要筛选的是前 5 条记录，所以在"显示项"区域选择方向为"上"，数量为"5"。然后从"字段"窗格中将"展商数量"拖放到"按值"编辑框中，如图 7-14 所示。

（12）设置完成后，单击"应用筛选器"按钮，即可筛选数据，选中的视觉对象随之发生相应的变化，显示筛选结果，如图 7-15 所示。

图 7-14 设置筛选条件

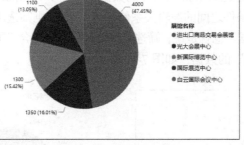

图 7-15 筛选结果

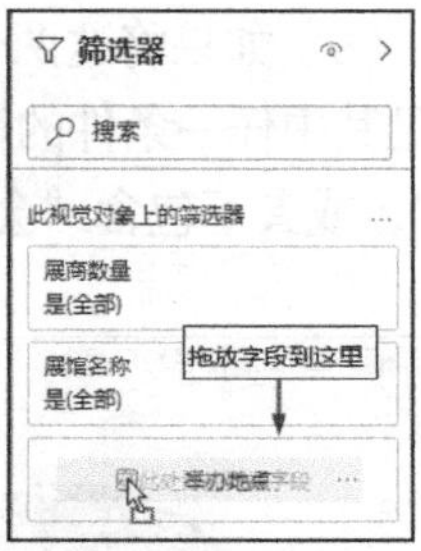

图 7-16 添加筛选字段

除了可以利用视觉对象中已有的字段进行筛选，Power BI Desktop 还支持使用视觉对象未使用的字段进行筛选。例如，要在第（12）步的筛选结果中进一步使用"举办地点"筛选数据，可以执行以下步骤。

（13）在"字段"窗格中将"举办地点"拖到"在此处添加数据字段"编辑框，如图 7-16 所示。释放鼠标，即可在当前选中的视觉对象中添加相应的筛选字段，如图 7-17 所示。

（14）根据需要选择筛选类型和值字段。例如，要筛选位于北京和上海的展馆信息，则使用基本筛选，并选中"北京"和"上海"复选框。选中的视觉对象随之发生相应的变化，显示筛选结果，如图 7-18 所示。

图 7-17 添加的筛选字段

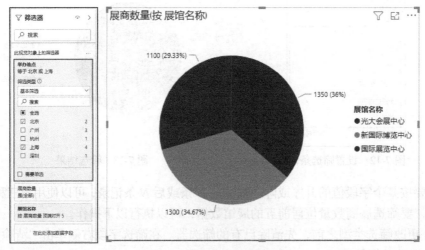

图 7-18 筛选条件和筛选结果

7.1.2 页面筛选器

页面筛选器

页面筛选器，顾名思义，是指应用于某个报表页中所有视觉对象的筛选器。

下面通过为报表页"展会信息"应用筛选器为例，介绍添加页面筛选器的方法。

（1）打开要添加筛选器的报表页面，不选中任一视觉对象，如图 7-19 所示。

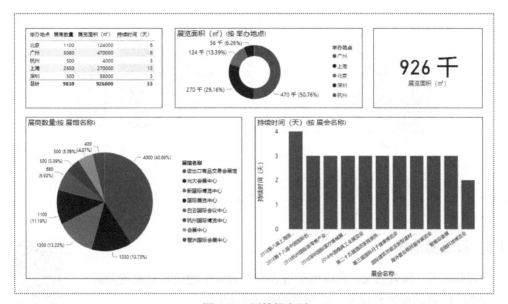

图 7-19　原始报表页

（2）在"字段"窗格中，将字段"举办地点"拖放到"此页上的筛选器"下方的编辑框，如图 7-20 所示。

（3）根据需要选择筛选类型和值字段。例如，要查看在广州举办的展会信息，选中"广州"复选框，如图 7-21 所示。

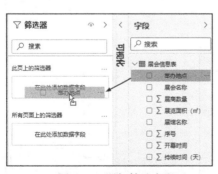

图 7-20　添加筛选字段

图 7-21　设置筛选条件

此时可以看到，当前报表页面中的所有视觉对象均应用该筛选器进行数据筛选，显示对应的筛选结果，如图 7-22 所示。

（4）如果选择的是"高级筛选"类型，设置完成后单击"应用筛选器"按钮，即可在报表中查看筛选结果。

（5）如果要添加其他筛选字段，重复第（2）步和第（3）步。

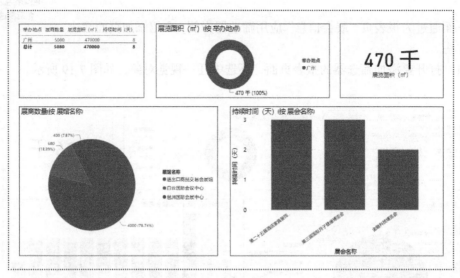

图 7-22　筛选结果

7.1.3　报表筛选器

报表筛选器

报表筛选器，顾名思义，是应用于报表所有页面中的视觉对象的筛选器。报表筛选器的添加和设置方法与页面筛选器相同。

（1）在"字段"窗格中将筛选字段拖放到"所有页面上的筛选器"下方的编辑框，如图 7-23 所示。

此时，在当前报表的所有页面中都可以看到添加的报表筛选器。

（2）设置筛选类型和值字段，如图 7-24 所示。

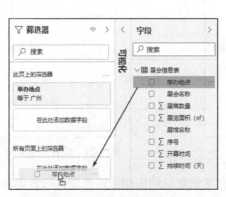

图 7-23　添加筛选字段

图 7-24　设置筛选器

如果选择的是"高级筛选"类型，设置完成后单击"应用筛选器"按钮，即可在报表中查看筛选结果。

7.1.4 编辑筛选器

添加筛选器以后，可以根据需要删除、锁定和隐藏筛选器。

展开筛选器卡，如果要删除筛选器，则单击"删除筛选器"按钮，如图 7-25 所示。

单击"锁定筛选器"按钮（如图 7-26 所示），可以锁定对应的筛选器卡。这种情况下，报表使用者可以查看筛选器，但不能更改。

单击"隐藏筛选器"按钮（如图 7-27 所示），可以隐藏对应的筛选器卡。此时，筛选器列表中不会显示该筛选器。

图 7-25 删除筛选器

图 7-26 锁定筛选器

图 7-27 隐藏筛选器

为筛选器指定一个有意义的名称有助于增强报表的可读性。在筛选器卡上右击，从弹出的快捷菜单中选择"重命名"命令，如图 7-28 所示，筛选器名称变为可编辑状态，如图 7-29 所示。输入新名称，按 Enter 键或单击其他空白区域，即可重命名筛选器。

图 7-28 快捷菜单

图 7-29 重命名筛选器

7.1.5 设置筛选器格式

格式化报表后，还可以设置"筛选器"窗格的外观，以与报表外观统一。在 Power BI Desktop 中，可以为每个报表页的"筛选器"窗格分别设置不同的格式。

单击报表的空白处或"筛选器"窗格，在"可视化"窗格的"格式"选项卡中可以看到"筛选器窗格"和"筛选器卡"选项，如图 7-30 所示。

展开的"筛选器窗格"选项如图 7-31 所示。利用这些选项，可以设置窗格的背景色、字体和图标颜色、文本大小、边框样式、复选框和输入框颜色等。例如，设置背景色为浅蓝、边框颜色深蓝、输入框颜色为白色的效果如图 7-32 所示。

图 7-30 "格式"选项卡

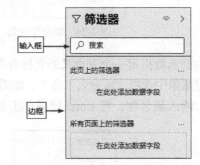

图 7-31 "筛选器窗格"格式选项　　　　图 7-32 设置颜色格式的"筛选器"窗格

展开"筛选器卡"选项，可以分别设置筛选器卡的可用空间和已应用空间的格式，如图 7-33 所示。

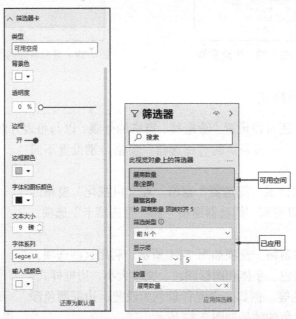

图 7-33 "筛选器卡"选项的设置及设置后的效果

7.2 钻取数据——成本费用表

钻取也是 Power BI Desktop 提供的一种筛选器类型，通过在 Power BI 服务和 Power BI Desktop 中使用钻取，可以创建一个侧重于特定实体的"目标"报表页。报表读者可右击其他报表页中的数据点，然后钻取到具有针对性的页面，以获取针对此上下文进行筛选后的详细信息。

7.2.1 钻取页面

钻取筛选器通过钻取功能从一个报表页传递到另一个报表页，通常用于从当前页面跳转到数据项相关页面。

钻取筛选器分为两种类型。第一种类型是调用钻取的筛选器。如果具有编辑报表的权限，可以编辑、删除、清除、隐藏或锁定此类筛选器。第二种类型是根据源报表页的页面筛选器传递到目标的钻取筛选器。这种情况下可以编辑、删除或清除此类暂时钻取筛选器，但无法锁定或隐藏此类筛选器。

下面通过钻取"各负责人每月费用总计"视觉对象中的"负责人"信息，演示这两种筛选器的操作方法。

（1）获取数据，数据视图中的数据表如图 7-34 所示。

月份	负责人	产品名	单件费用	数量	总费用
1	苏羽	A	245	15	3675
1	李耀辉	B	58	20	1160
1	张默千	C	89	18	1602
2	李耀辉	B	310	20	6200
2	苏羽	A	870	18	15660
2	李耀辉	B	78	60	4680
3	张默千	C	160	16	2560
4	苏羽	A	80	32	2560
4	张默千	C	760	45	34200

图 7-34 数据表

（2）创建报表页，重命名为"数据表"，添加要为之提供钻取的实体类型对应的视觉对象。例如，要为"负责人"提供钻取，在"字段"窗格中选中相关的字段，添加到视觉对象中，如图 7-35 所示。钻取到该页后，可以看到选定负责人的专用视觉对象。

（3）在"可视化"窗格中单击"表"图标，利用选中的字段创建表。切换到"可视化"窗格的"格式"选项卡，设置网格的"行填充"为 15，字号大小为 14 磅，效果如图 7-36 所示。

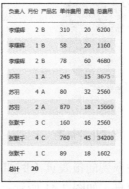

负责人	月份	产品名	单件费用	数量	总费用
李耀辉	2	B	310	20	6200
李耀辉	1	B	58	20	1160
李耀辉	2	B	78	60	4680
苏羽	1	A	245	15	3675
苏羽	4	A	80	32	2560
苏羽	2	A	870	18	15660
张默千	3	C	160	16	2560
张默千	4	C	760	45	34200
张默千	1	C	89	18	1602
总计	20				

图 7-35 选中字段　　　　　图 7-36 生成视觉对象

（4）设置钻取字段。在"可视化"窗格中切换到"字段"选项卡，从"字段"窗格中将"负责人"字段拖放到"字段"选项卡"钻取"区域的钻取字段编辑框中，如图7-37所示。

此时，Power BI Desktop 自动在报表页左上角创建"返回"按钮⊖。按住 Ctrl 键单击该按钮，返回到上一个查看过的报表页。

提示："返回"按钮⊖是图像，通过插入图像，并在"格式图像"窗格中将"操作"选项中的"类型"设置为"上一步"，可以将默认的"返回"按钮替换为需要的图像。

（5）新建一个应用钻取的报表页，重命名为"各负责人每月费用总计"。在"字段"窗格中选中"负责人""月份"和"总费用"字段，如图7-38所示。在"可视化"窗格的视觉对象列表中单击"饼图"按钮，创建饼图。

图 7-37　设置钻取字段

图 7-38　选中字段

（6）格式化视觉对象。在"视图"选项卡的"主题"列表框中单击"边界"应用主题，然后在"可视化"窗格中切换到"格式"选项卡，设置详细信息标签的颜色为黑色，字号大小为18磅；展开"标题"选项，修改标题文本和对齐方式，效果如图7-39所示。

（7）钻取数据。在饼图中单击任意一个扇区，例如负责人"张默千"3月份的数据点，弹出"钻取"菜单，如图7-40所示。

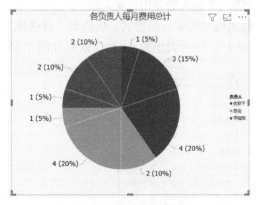

图 7-39　格式化的饼图

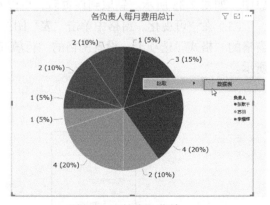

图 7-40　"钻取"菜单

（8）选择要钻取到的报表页（例如"数据表"），即可跳转到指定的报表页，并显示指定数据点的详细信息，如图7-41所示。

负责人	月份	产品名	单件费用	数量	总费用
张默千	3	C	160	16	2560
总计	3				

图 7-41　钻取页面

此时，在当前报表页面的"可视化"窗格中可以查看钻取筛选器的详细信息，如图 7-42 所示。与 7.1 节介绍的筛选器相同，用户可根据需要删除、锁定、隐藏、清除钻取筛选器。

接下来将报表页中已应用的筛选器传递到钻取筛选器。

（9）复制报表页"各负责人每月费用总计"和"数据表"。选中报表页面"各负责人每月费用总计的副本"中的视觉对象，在"筛选器"窗格中展开"月份"筛选器卡，设置筛选条件为大于或等于 3，且小于或等于 4，如图 7-43 所示。

图 7-42　钻取设置

图 7-43　设置筛选条件

（10）单击"应用筛选器"按钮，视觉对象随之变化，仅显示 3 月和 4 月的数据，如图 7-44 所示。

（11）在要钻取的数据点上右击，从弹出的快捷菜单中选择"钻取"→"数据表的副本"，如图 7-45 所示，即可跳转到相应的报表页中显示指定数据点的详细信息，如图 7-46 所示。

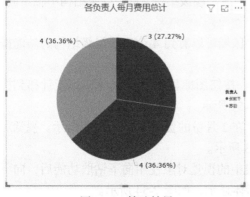

图 7-44　筛选结果

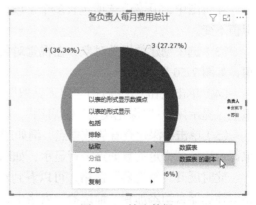

图 7-45　钻取数据

此时打开钻取页面的"可视化"窗格，在"钻取"区域可看到沿用自源视觉对象的钻取筛选器，如图 7-47 所示。

图 7-46　钻取页面　　　　　　　图 7-47　钻取筛选器

7.2.2　钻取层级结构

钻取层级结构

　　使用钻取功能，还可以从具有层级结构的视觉对象中跳转到其他级别。

　　下面以具有层级结构的视觉对象"各产品每月费用总计"饼图为例，介绍使用钻取操作查看层级结构中的数据的方法。

　　（1）复制报表页"各负责人每月费用总计"，重命名为"各产品每月费用总计"，删除视觉对象，展开"字段"窗格和"可视化"窗格。然后选中字段"产品名""总费用""月份"和"负责人"，如图 7-48 所示，创建视觉对象。

　　（2）在"可视化"窗格的视觉对象列表中单击"饼图"按钮创建饼图。然后在"字段"选项卡中拖放字段，设置图例、详细信息和值，如图 7-49 所示。

图 7-48　选中字段　　　　　　　图 7-49　调整视觉对象的字段

　　在饼图中，"图例"选项包含多个字段，这就构成了层级结构，每个层级结构中轴不同，但值不变。

　　（3）选中创建的视觉对象，在视觉对象标头区域可以看到 4 个查看层级结构的功能按钮，如图 7-50 所示。

　　（4）单击按钮 ↓，启用"向下钻取"功能，按钮图标显示为 ⬤，将鼠标指针移到按钮上，提示用户"'深化模式'已启用"，如图 7-51 所示。

　　（5）单击要深化查看的数据点，例如产品 B 在 2 月份的费用，如图 7-52 所示。视觉对象即可切换到指定的数据点进行显示，如图 7-53 所示。

　　此时展开"筛选器"窗格，可以看到对报表中的视觉对象使用向下钻取功能后，向下钻取筛选器自动添加到"筛选器"窗格中，以斜体显示，如图 7-54 所示。

　　如果用户具有编辑报表的权限，可以展开筛选器卡编辑或清除该筛选器，如图 7-55 所示。但无法删除、隐藏、锁定、重命名或排序此类筛选器，因为此类筛选器与视觉对象的向下钻取功能相关联。如果要删除向下钻取筛选器，单击视觉对象标头的"向上钻取"按钮 ⬆。

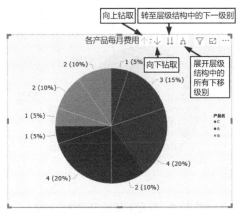

图 7-50　具有层级结构的视觉对象

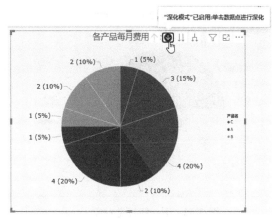

图 7-51　启用"深化模式"

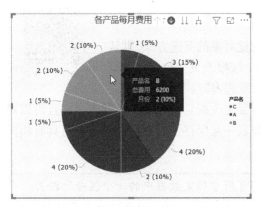

图 7-52　选择数据点

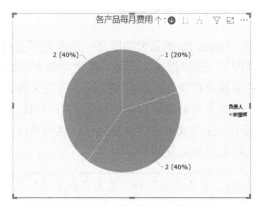

图 7-53　下一级视觉对象

图 7-54　向下钻取筛选器

图 7-55　向下钻取筛选器卡

（6）单击"转至层级结构中的下一级别"按钮 ⬇，可切换到下一级视觉对象，如图 7-56 所示。

（7）单击"展开层级结构中的所有下移级别"按钮 ，可展示所有层级的视觉对象，如图 7-57 所示。

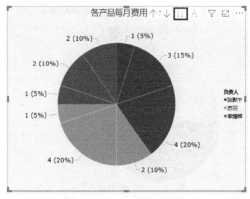

图 7-56 下一级视觉对象

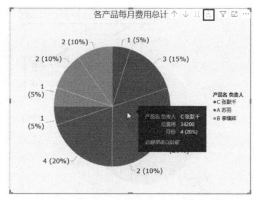

图 7-57 所有下移级别的视觉对象

7.2.3 编辑交互方式

Power BI 的强大功能之一是报表页上所有视觉对象的互连方式。默认情况下，选择报表页上某个视觉对象上的数据点，该报表页上包含该数据的其他所有视觉对象将交叉筛选或交叉突出显示所选内容。

如果拥有编辑报表的权限，用户可以根据需要更改视觉对象的交互行为，并且可以对每个可视化效果单独设置交互。这些更改会随报表一起保存，所有报表使用者将具有相同的视觉对象交互体验。

提示："交叉筛选"和"交叉突出显示"类似，都可用于确定数据中的一个值分配给另一个值的方式。不同的是，"交叉筛选"会删除不相关的数据点，只有相关数据保持可见；而"交叉突出显示"保留视觉对象中的所有数据点，突出显示相关的数据，但不相关的数据仍然可见，只是以半透明的方式显示。

下面通过修改视觉对象"各月产品销量"树状图的交互方式，介绍自定义视觉对象在报表页上进行交互的方式的操作方法。

（1）打开报表页，该页面包含两个视觉对象，如图 7-58 所示。

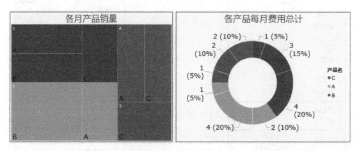

图 7-58 视觉对象

（2）单击其中一个视觉对象中的某个数据点（例如 3 月份产品 C 的数据点），可以看到当前报表页中，所有视觉对象中对应的数据点突出显示，其他数据点半透明显示，如图 7-59 所示。

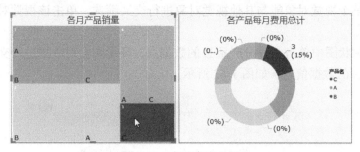

图 7-59 交叉突出显示

（3）如果要删除突出显示，则再次选择该数据点，或单击同一视觉对象中的任意空白区域。

接下来修改树状图的交互方式。

（4）启用"编辑交互"功能。选择要修改交互方式的树状图，在功能区的"格式"选项卡中单击"编辑交互"按钮，此时可以看到，当前报表页上的所有其他视觉对象顶部都显示"筛选器" 、"突出显示" 和"无" 等交互按钮图标，如图 7-60 所示。

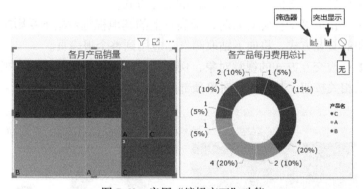

图 7-60 启用"编辑交互"功能

提示：启用编辑交互功能后，不同类型的视觉对象上显示的交互图标可能会有所不同，但功能一致。

如果希望某个视觉对象不与其他视觉对象进行交互，则单击该视觉对象顶部的"无"按钮，该按钮以粗体图标 显示，表示任何操作对该视觉对象都不起作用。

此时单击树状图中的任一数据点，环形图中相应的数据点不再交叉突出显示，展示效果保持不变，如图 7-61 所示。

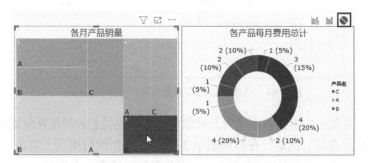

图 7-61 交互方式"无"的效果

如果希望某个视觉对象能与其他视觉对象进行交叉筛选，单击该视觉对象顶部的"筛选器"图标 ⊞。

例如，在树状图中单击 2 月份产品 B 的数据点，环形图会对数据进行交叉筛选，仅显示 2 月份产品 B 的数据信息，如图 7-62 所示。

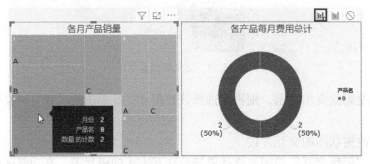

图 7-62　交叉筛选结果

如果希望所选的视觉对象能交叉突出显示当前报表页上的某个视觉对象，单击该视觉对象顶部的"突出显示"图标 ⊞。这是默认的交互方式。

默认情况下，钻取某个视觉对象时，报表页上的其他视觉对象不受影响。接下来修改可钻取视觉对象的交互方式，将向下钻取筛选器应用到整个报表页。

（5）选中要更改交互方式的视觉对象，例如当前报表页中的环形图，视觉对象上方显示钻取和深化的相关按钮。其他视觉对象顶部显示交互按钮，如图 7-63 所示。

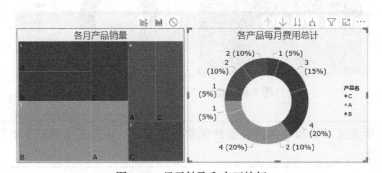

图 7-63　显示钻取和交互按钮

（6）单击"向下钻取"按钮 ↓，启用向下钻取功能。然后在"格式"选项卡的"将向下钻取筛选器应用到"下拉列表框中选择"整页"，如图 7-64 所示。

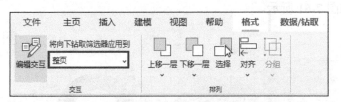

图 7-64　将向下钻取筛选器应用到整个报表页

（7）在视觉对象中向下钻取（或向上钻取）时，报表页上的其他视觉对象将发生改变，以反映当前的钻取选择。例如，在环形图中 2 月份产品 B 的数据点上右击，从快捷菜单中选择"向下钻取"命令（如图 7-65 所示），环形图和树状图都会变化，显示钻取到的数据信息，如图 7-66 所示。

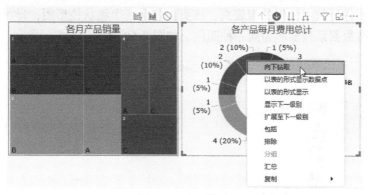

图 7-65　向下钻取

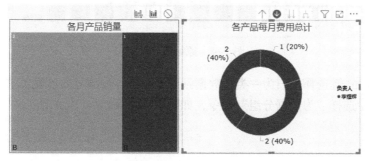

图 7-66　钻取页面

此时选中树状图，展开对应的"筛选器"窗格，可以看到自动添加的筛选器，以斜体显示。该筛选器是向下钻取筛选器通过交叉筛选或交叉突出显示功能传递到报表页上的另一个视觉对象而创建的。将鼠标指针移到筛选器卡右上角，不显示操作图标，如图 7-67 所示。

也就是说，即使用户拥有编辑报表的权限，也无法删除、清除、隐藏、锁定、重命名或排序交叉钻取筛选器，因为此类筛选器与视觉对象的向下钻取功能相关联。也无法编辑此类筛选器，因为此类筛选器源自另一个视觉对象中的向下钻取。如果要删除交叉钻取筛选器，可单击视觉对象标头的"向上钻取"按钮 ↑ 。

图 7-67　查看筛选器卡

7.3　数据分组——家具订购单

在 Power BI Desktop 中，对数据进行分组可更清楚地查看、分析和浏览视觉对象中的数据和趋势，更有助于执行合理的数据可视化。Power BI Desktop 支持两种数据分组方式：列表和装箱。可从视觉对象、"字段"窗格和数据视图对数据系列进行分组。

7.3.1　列表分组

列表分组通常用于文本类型的字段，数字和日期时间类型的字段也可采用这种分组方式。采用列表方式分组时，视觉对象可用颜色来区分不同的组。

下面通过对数据进行分组，将采购的不同类商品在视觉对象中分别使用不同的颜色进行显示。

列表分组

（1）打开要进行数据分组的报表页，该页面包含一个簇状柱形图，显示采购的商品名称和总价，所有数据系列显示为同一种颜色，如图 7-68 所示。

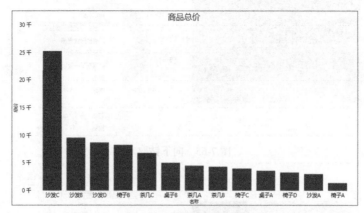

图 7-68   原始视觉对象

（2）按住 Ctrl 键选择要归为一类的数据系列（例如各种型号的沙发），然后右击，从弹出的快捷菜单中选择"为数据分组"命令，如图 7-69 所示。

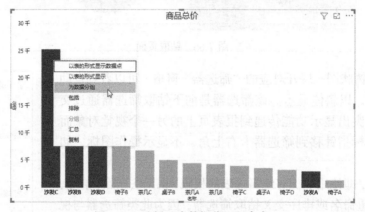

图 7-69   选择"为数据分组"命令

此时，在"字段"窗格中可以看到创建的组（如图 7-70 所示），在视觉对象中可以看到自动创建的以组命名的图例，如图 7-71 所示。

图 7-70   创建的组

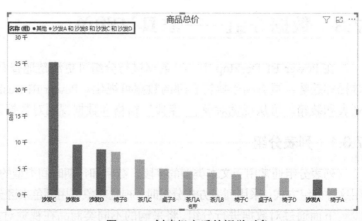

图 7-71   创建组之后的视觉对象

（3）在组名称上双击，将分组重命名为"品类"。也可以在"可视
化"窗格"字段"选项卡的"图例"编辑框中修改组名称，如图 7-72
所示。

（4）如果要修改组名称和类型，在组名称上右击，从弹出的快捷
菜单中选择"编辑组"命令，打开图 7-73 所示的"组"对话框，根据
需要修改组名称和组类型。

图 7-72　重命名组

提示： 文本类型的字段只能采用"列表"方式进行分组，因此图 7-73
中的"组类型"不可选择。

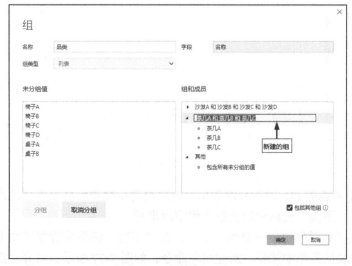

图 7-73　"组"对话框

接下来利用"组"对话框对其他的数据系列进行分组。

（5）在"未分组值"列表框中按住 Shift 键选中要归为一组的值，对话框底部的"分组"
按钮变为可用状态。单击"分组"按钮，即可创建新的分组，如图 7-74 所示。

图 7-74　创建新的分组

（6）按照第（5）步同样的方法创建其他组，并在"组和成员"列表框中修改组名称，如图 7-75 所示。

图 7-75   创建组并重命名

提示：在创建最后一个组时，如果"包括其他组"复选框处于选中状态，不需要在"未分组值"列表框中选择值，只需重命名"其他"组，也可创建最后一个分组，如图 7-75 所示。

（7）单击"确定"按钮关闭对话框，即可在报表中查看分组后的效果。同一组中的数据系列显示为同一颜色，不同组显示为不同颜色，组名称则显示为图例标题和类别名称，如图 7-76 所示。

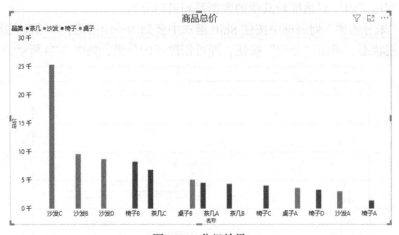

图 7-76   分组效果

从图 7-76 中可以看到，通过分组数据，可以很直观地查看各个类别的商品总价。如果要取消分组，在"字段"窗格中取消选中组字段即可。

除了可以从视觉对象中创建分组，还可以在"字段"窗格或数据视图中右击要分组的字段，从弹出的快捷菜单中选择"新建组"命令，如图 7-77 所示，打开"组"对话框进行分组。

图 7-77 在数据视图中新建组

7.3.2 装箱分组

装箱分组

对于数字和日期时间类型的字段，可设置装箱大小，将数据表中的所有值按数量分组，合理精简显示的数据。Power BI Desktop 可以为计算列创建箱，但不能为度量值创建箱。

下面通过将商品总价簇状柱形图中的"总价"字段按值分组，介绍对数字类型的字段进行装箱分组的操作方法。

（1）打开报表页，包含要分组的视觉对象商品总价簇状柱形图，如图 7-78 所示。

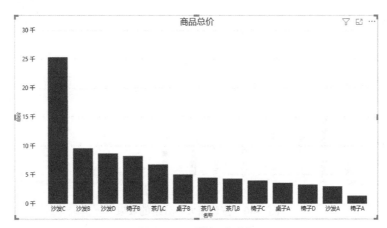

图 7-78 原始视觉对象

（2）在"字段"窗格中的"总价"字段上右击，从弹出的快捷菜单中选择"新建组"命令，打开"组"对话框。由于"总价"字段的数据类型为数字，因此"组类型"默认为"箱"，如图 7-79 所示。"最小值"和"最大值"文本框中显示的是分组字段的最小值和最大值。

与文本类型字段不同的是，数字或日期时间类型的字段不仅可以装箱分组，也可以选择列表分组。

（3）在"装箱类型"下拉列表框中选择分组依据，可选择"装箱大小"或"箱数"。

如果选择"装箱大小"，需要设置装箱大小，默认基于最大值和最小值将数据拆分为大小相同的组；如果选择"箱数"，则需要设置装箱计数，装箱大小为值的总数除以装箱计数。

本例保留默认设置。

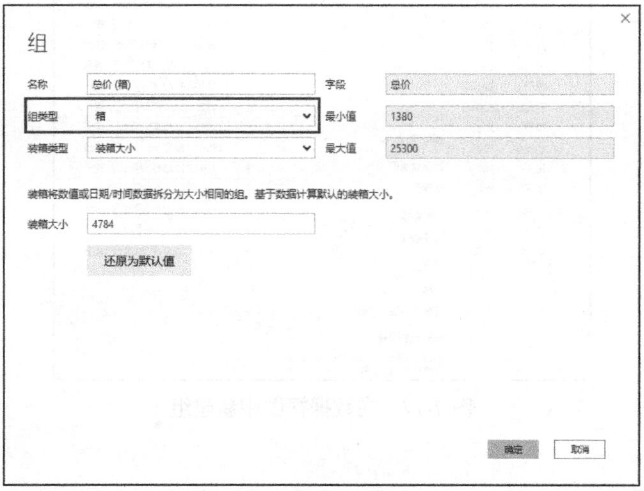

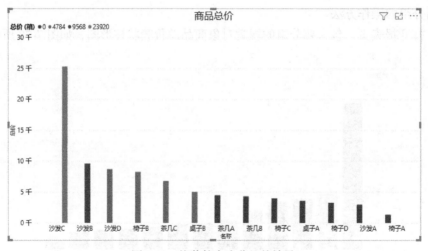

图 7-79　"组"对话框

（4）单击"确定"按钮关闭对话框，在视觉对象中可以看到，数据系列按指定的箱大小进行分组，同一组的数据系列显示为相同的颜色，不同组显示为不同的颜色，如图 7-80 所示。

图 7-80　按装箱大小分组的效果

对于日期时间类型，Power BI Desktop 可以将日期时间拆分为年、季度、月、日、时、分、秒等进行装箱。

下面通过将商品总价簇状柱形图中的"进货日期"字段按日期分组，介绍对日期时间类型的字段进行装箱分组的操作方法。

（1）复制商品总价报表页，选中其中的簇状柱形图，在"字段"窗格中取消之前选中的字段，然后将"品类"字段拖放到"可视化"窗格"字段"选项卡的"图例"编辑框；将"总价"字段拖放到"值"编辑框；展开"进货日期"字段的日期层次结构，将"日"拖放到"轴"编辑框，如图 7-81 所示。

（2）选中创建的视觉对象，切换到"可视化"窗格的"格式"选项卡，设置 X 轴的类型为"类别"，Y 轴的缩放类型为"日志"，然后设置文本颜色为黑色，大小为 14 磅，显示网格线。效果如图 7-82 所示。

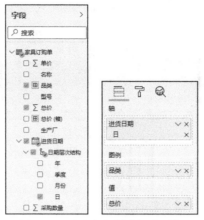

图 7-81 选中字段创建视觉对象

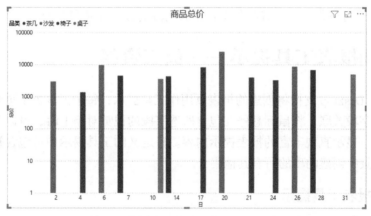

图 7-82 创建视觉对象并格式化后的效果

（3）在"字段"窗格的"进货日期"字段上右击，从弹出的快捷菜单中选择"新建组"命令，打开"组"对话框。设置装箱大小为 10 天，如图 7-83 所示。

图 7-83 "组"对话框

（4）单击"确定"按钮关闭对话框，然后在"字段"窗格中选中"进货日期（箱）"字段。该字段自动被添加到"小型序列图"编辑框中，对应的视觉对象如图 7-84 所示。

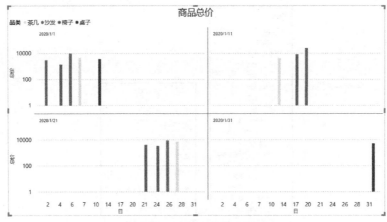

图 7-84　按日期装箱的效果

从图 7-84 中可以很直观地查看各个日期时间段的订购商品和总价。

7.4　添加报表工具提示——员工资料

Power BI Desktop 支持将创建的报表页用作工具提示，每个工具提示页都可与报表中的一个或多个字段关联。将鼠标悬停在包含所选字段的视觉对象上时，可以对焦点处的数据点进行筛选，显示直观丰富的报表提示内容。自定义的工具提示中可包含视觉对象、图像以及在报表页中创建的项的所有其他集合。

7.4.1　创建报表工具提示

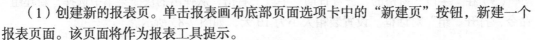

创建报表工具提示

下面通过自定义一个工具提示报表页，介绍创建报表工具提示的操作方法。

（1）创建新的报表页。单击报表画布底部页面选项卡中的"新建页"按钮，新建一个报表页面。该页面将作为报表工具提示。

（2）设置报表页的页面大小。在"可视化"窗格中切换到"格式"选项卡，展开"页面大小"选项，在"类型"下拉列表框中选择页面比例或大小，如图 7-85 所示。

工具提示的大小虽然没有明确要求，但读者要注意的是，工具提示将悬停在报表画布上方，起提示和补充说明作用，因此尺寸不能太大。如果不确定多大尺寸合适，可直接在"类型"下拉列表框中选择"工具提示"。

在制作报表时，为便于操作和预览页面整体效果，通常会将页面视图调整到页面大小或适应可用宽度。但这种视图大小不便于查看工具提示的全局效果，因此在制作工具提示页面时，最好将页面视图调整为实际大小。

（3）调整页面视图。在"视图"选项卡中单击"页面视图"下拉按钮，在弹出的下拉菜单中选择"实际大小"，如图 7-86 所示。

（4）在报表页中创建视觉对象。在"字段"窗格中选中"姓名""年龄"和"职称"字段，然后单击"可视化"窗格中的"折线和簇状柱形图"图标，创建对应的视觉对象。然后在"视图"选项卡的主题列表中单击"边界"应用主题，在"可视化"窗格的"格式"选项卡中修改 X 轴和 Y 轴的文本大小，并显示数据标签，效果如图 7-87 所示。

图 7-85　设置页面大小

图 7-86　设置页面视图

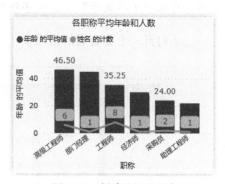

图 7-87　创建的视觉对象

（5）根据需要，报表页面中可以包含多个不同类型的视觉对象。

制作完成后，为报表页指定一个有意义的名称，便于用户了解其用途。

（6）设置报表页名称。在"格式"选项卡中展开"页面信息"卡，在"名称"文本框中输入报表页的名称，如图 7-88 所示。

至此，工具提示页面制作完成。但此时的报表页面还不能用作工具提示，还需要配置工具提示页。

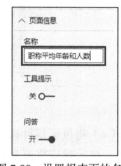

图 7-88　设置报表页的名称

7.4.2　配置工具提示

创建好工具提示报表页之后，需要配置页，让 Power BI Desktop 将其注册为工具提示，并确保它显示在正确的视觉对象上方。

（1）在"可视化"窗格"格式"选项卡中展开"页面信息"选项，单击"工具提示"滑块，将滑动开关设置为"开"，如图 7-89 所示，将当前页用作工具提示。

（2）添加工具提示字段。切换到"可视化"窗格的"字段"选项卡，在"字段"窗格中将要对其显示报表工具提示的字段（例如"部门"）拖放到"工具提示"下方的字段编辑框中，如图 7-90 所示。

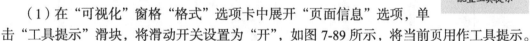

图 7-89　开启工具提示

图 7-90　添加工具提示字段

提示：可在"工具提示"下方的字段编辑框中同时包括类别字段和数值字段。

（3）打开一个要查看的报表页，例如"各部门职称统计"，如图 7-91 所示。

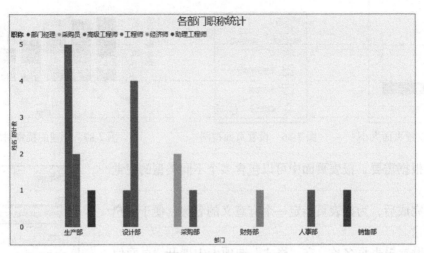

图 7-91   要查看的报表页

（4）将鼠标指针移到其中一个数据系列上，即可对工具提示报表页中的视觉对象进行筛选，显示对应数据系列的相关信息，替换默认的 Power BI 工具提示，如图 7-92 所示。

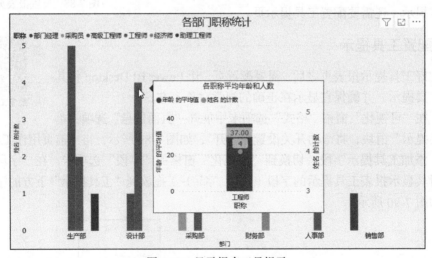

图 7-92   显示报表工具提示

从图 7-92 中可以看到，将鼠标指针移到"设计部"的"工程师"数据系列上时，报表工具提示仅显示该部门工程师的平均年龄和数量。

7.4.3   手动设置工具提示

7.4.2 节介绍的工具提示配置方法，可以实现鼠标悬停在包含指定字段的视觉对象上时自动显示工具提示。除此之外，用户还可以手动指定工具提示应用的视觉对象。

手动设置工具提示

手动设置工具提示的功能具有多种用途。例如，可以设置空白的工具提示页，替代 Power BI 默认的工具提示选项；可以设置不显示 Power BI 自动选择的工具提示。

下面通过为饼图指定创建的工具提示为例，介绍手动设置工具提示的方法。

（1）打开一个包含多个视觉对象的报表页。选中其中一个视觉对象（例如饼图），将鼠标指针移到其中一个数据点上时，由于该视觉对象中不包含指定的工具提示字段"部门"，所以显示默认的工具提示，如图 7-93 所示。

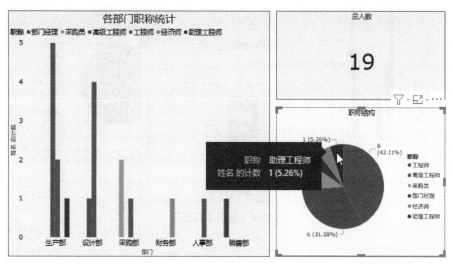

图 7-93 显示默认的工具提示

（2）切换到"可视化"窗格的"格式"选项卡，支持报表工具提示的视觉对象会在选项卡中显示"工具提示"选项。展开"工具提示"选项，在"页码"下拉列表框中可以看到，默认的报表工具提示页为"自动"，如图 7-94 所示。

（3）在"页码"下拉列表框中选择要用于所选视觉对象的工具提示页，如图 7-95 所示。

图 7-94 默认的工具提示页选项

图 7-95 选择工具提示页

提示："页码"下拉列表框中仅显示指定为"工具提示"页的报表页，其他报表页面不显示。

（4）将鼠标指针移到指定了工具提示页的视觉对象的数据点上，即可显示指定的工具提示，如图 7-96 所示。

手动配置视觉对象的工具提示后，如果要恢复默认的工具提示，可展开"工具提示"选项，在"页码"下拉列表框中选择"自动"即可。

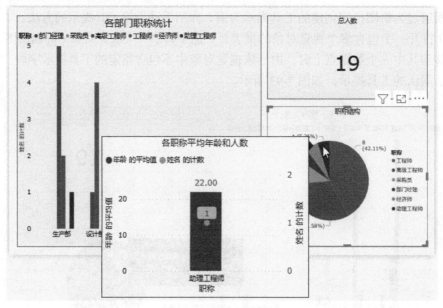

图 7-96 显示工具提示

7.5 本章小结

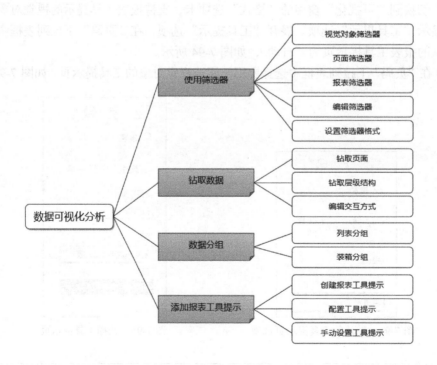

第 8 章　案例：应收账款报表分析

应收账款是指企业在生产经营过程中，因赊销商品或提供劳务而应向购货单位或接受劳务单位收取的款项。在资产负债表上，应收账款列为流动资产，其范围是指那些预计在一年内或超过一年的一个营业周期内收回的应收款项。

本案例利用 Power BI Desktop 中的经典视觉对象分析某单位应收账款的账龄，并创建模拟参数，动态展示应收账款最多的前 N 个单位，及账款占比和总金额。

8.1　编辑数据

本案例涉及两个数据表："往来单位应收账款明细表"和"应收账款统计表"，其中的基础数据根据实际经营情况在 Power BI Desktop 中录入，然后根据报表制作需要，通过 DAX 新建列和度量值计算相关数据。

8.1.1　应收账款统计表

企业对应收账款进行管理的基本目标是：在发挥应收账款强化竞争，扩大销售功能效应的同时，尽可能降低应收账款投资的机会成本，减少坏账损失与管理成本，最大限度地提高应收账款投资的收益率。

本节首先根据经营情况在 Power BI Desktop 中创建"应收账款统计表"并录入基础数据，然后通过创建度量值和计算列完善数据表。

（1）通过直接输入法，在 Power BI Desktop 中创建"应收账款统计表"，如图 8-1 所示。

图 8-1　应收账款统计表

（2）计算应收款总额。单击"主页"选项卡"计算"组的"新建度量值"按钮，在编辑栏输入表达式"应收账款总额 = SUM('应收账款统计表'[应收款金额])"，如图 8-2 所示，按 Enter 键，新建度量值"应收账款总额"。

图 8-2   计算应收账款总额

（3）计算各单位应收账款占应收账款总额的百分比。单击"主页"选项卡"计算"组的"新建列"按钮，在编辑栏输入表达式"应收款占比 = DIVIDE([应收款金额],SUM('应收账款统计表'[应收款金额]))"，按 Enter 键，新建列"应收款占比"。然后在"列工具"中选择以百分比显示列值，如图 8-3 所示。

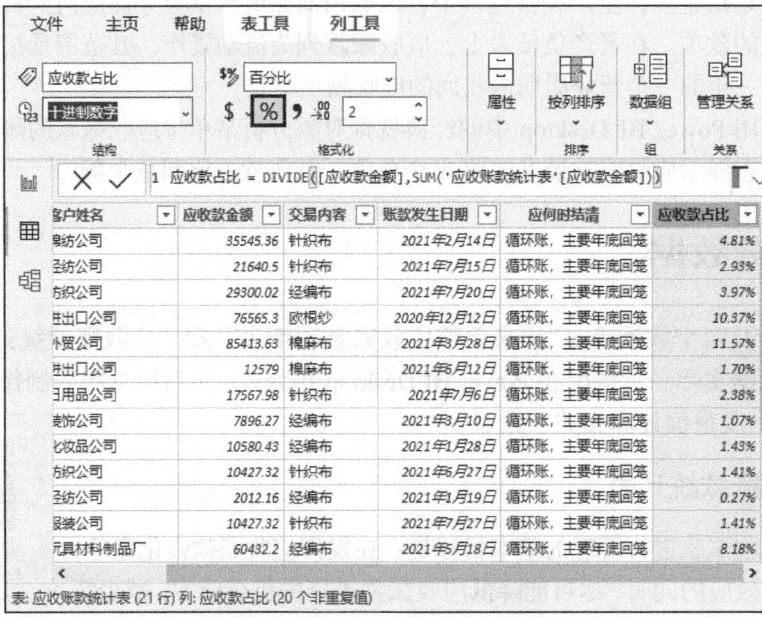

图 8-3   计算应收款占比

8.1.2   往来单位应收账款明细表

往来单位应收账款
明细表

为加强对应收账款的管理，企业在总分类账的基础上，通常会按信用客户的名称设置明细分类账，详细、有序地记载与各信用客户的账款往来情况。

（1）利用直接输入法，在 Power BI Desktop 中创建"往来单位应收账款明细表"，如图 8-4 所示。

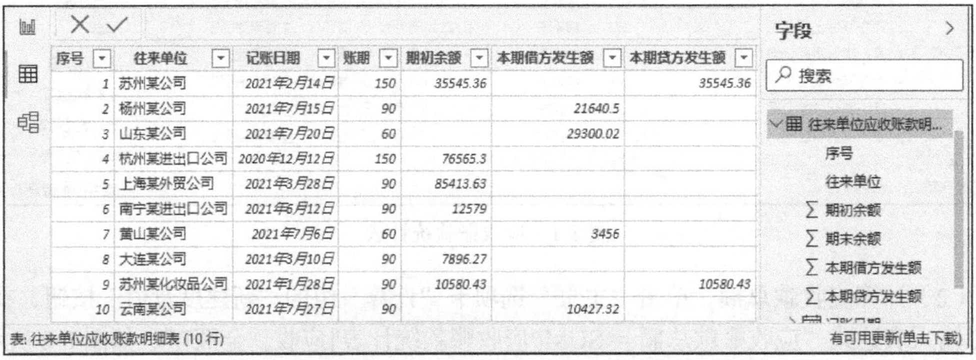

图 8-4   往来单位应收账款明细表

提示：借方是一种会计科目，显示资产方的增加或负债方的减少；对应概念为贷方。对于资产类、费用类账户（如现金、银行存款、材料、固定资产、应收款、管理费用、主营业务成本等），“借”就是加，“贷”就是减。对于负债、所有者权益、收入类账户（如应付款、长/短期借款、主营业务收入、实收资本、本年利润等），“借”就是减，“贷”就是加。

本例中的账期以“天”为单位，为便于后续计算到期日期，在 Power Query 编辑器中将“账期”值修改为以“月”为单位的数值。

（2）单击“主页”选项卡“查询”组的“转换数据”按钮，启动 Power Query 编辑器。右击“账期”列中的一个值单元格（例如 150），从弹出的快捷菜单中选择“替换值”命令，然后在打开的“替换值”对话框中输入替换值，如图 8-5 所示。

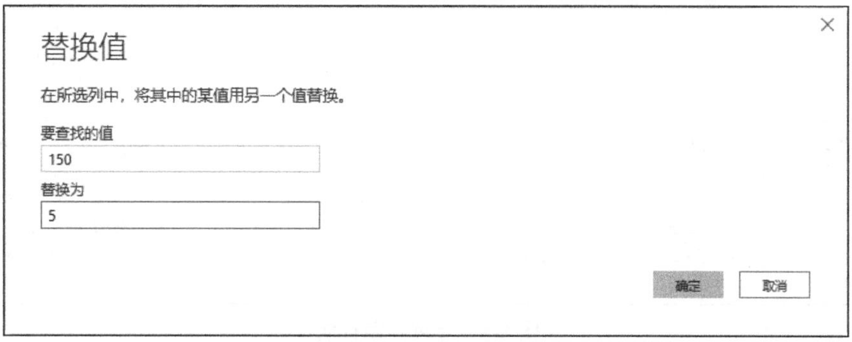

图 8-5 替换值

（3）单击“确定”按钮关闭对话框。使用同样的方法，将“账期”列中的其他值替换为以“月”为单位的值，如图 8-6 所示。然后单击“主页”选项卡的“关闭并应用”按钮，关闭 Power Query 编辑器。

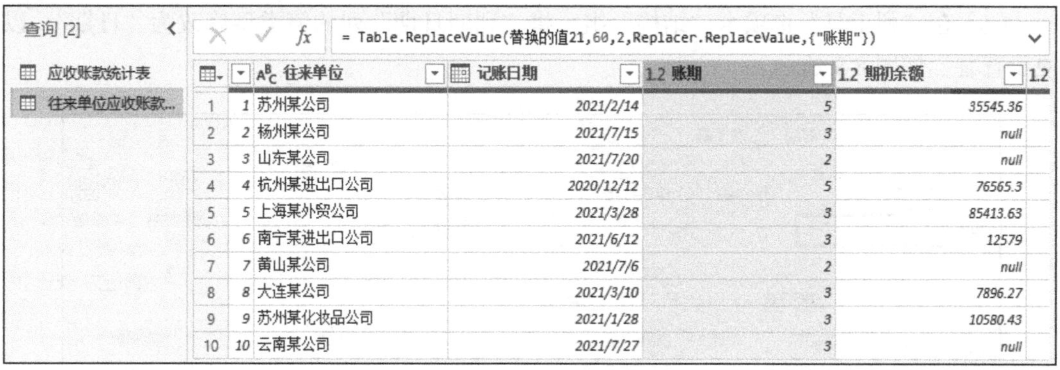

		往来单位	记账日期	1.2 账期	1.2 期初余额
1	1	苏州某公司	2021/2/14	5	35545.36
2	2	杨州某公司	2021/7/15	3	null
3	3	山东某公司	2021/7/20	2	null
4	4	杭州某进出口公司	2020/12/12	5	76565.3
5	5	上海某外贸公司	2021/3/28	3	85413.63
6	6	南宁某进出口公司	2021/6/12	3	12579
7	7	黄山某公司	2021/7/6	2	null
8	8	大连某公司	2021/3/10	3	7896.27
9	9	苏州某化妆品公司	2021/1/28	3	10580.43
10	10	云南某公司	2021/7/27	3	null

图 8-6 替换值之后的数据

（4）计算期末余额。单击“主页”选项卡“计算”组的“新建列”按钮，在编辑栏输入表达式“期末余额 = [期初余额]+[本期借方发生额] − [本期贷方发生额]”，如图 8-7 所示，按 Enter 键，即可新建列“期末余额”。

（5）计算应收账款的到期日期，到期日期=记账日期+账期。单击“主页”选项卡“计算”组的“新建列”按钮，在编辑栏输入表达式“到期日期 = EDATE([记账日期],[账期])”，按 Enter 键，新建列“到期日期”，如图 8-8 所示。

序号	往来单位	记账日期	账期	期初余额	本期借方发生额	本期贷方发生额	期末余额
1	苏州某公司	2021年2月14日	5	35545.36		35545.36	0
2	杨州某公司	2021年7月15日	3		21640.5		21640.5
3	山东某公司	2021年7月20日	2		29300.02		29300.02
4	杭州某进出口公司	2020年12月12日	5	76565.3			76565.3
5	上海某进外贸公司	2021年3月28日	3	85413.63			85413.63
6	南宁某进出口公司	2021年6月12日	3	12579			12579
7	黄山某公司	2021年7月6日	2		3456		3456
8	大连某公司	2021年3月10日	3	7896.27			7896.27
9	苏州某化妆品公司	2021年1月28日	3	10580.43		10580.43	0
10	云南某公司	2021年7月27日	3		10427.32		10427.32

1 期末余额 = [期初余额]+[本期借方发生额]-[本期贷方发生额]

图 8-7　计算期末余额

1 到期日期 = EDATE([记账日期],[账期])

单位	记账日期	账期	期初余额	本期借方发生额	本期贷方发生额	期末余额	到期日期
司	2021年2月14日	5	35545.36		35545.36	0	2021/7/14 0:00:00
司	2021年7月15日	3		21640.5		21640.5	2021/10/15 0:00:00
司	2021年7月20日	2		29300.02		29300.02	2021/9/20 0:00:00
进出口公司	2020年12月12日	5	76565.3			76565.3	2021/5/12 0:00:00
外贸公司	2021年3月28日	3	85413.63			85413.63	2021/6/28 0:00:00
进出口公司	2021年6月12日	3	12579			12579	2021/9/12 0:00:00
司	2021年7月6日	2		3456		3456	2021/9/6 0:00:00
司	2021年3月10日	3	7896.27			7896.27	2021/6/10 0:00:00
妆品公司	2021年1月28日	3	10580.43		10580.43	0	2021/4/28 0:00:00
司	2021年7月27日	3		10427.32		10427.32	2021/10/27 0:00:00

图 8-8　计算到期日期

函数 EDATE 用于将日期向前或向后平移指定的月份数，语法如下：

```
EDATE（<日期>，<月份数>）
```

其中，第一个参数<日期>是日期/时间或文本格式的日期值；第二个参数<月份数>是一个整数，表示将日期向之前或之后平移的月份数；返回值是一个日期/时间值。

（6）在"列工具"选项卡"结构"组，将"到期日期"列的值类型修改为"日期"，以便于查看，如图 8-9 所示。

图 8-9　修改数据类型

应收账款应在到期日前收回，若应收账款不能按时收回，将会影响企业的资金状况，严重的可造成企业资金链断裂。因此，统计逾期未收回款项是应收账款管理中一项重要的工作。

（7）计算是否超期。单击"主页"选项卡"计算"组的"新建列"按钮，在编辑栏输入表达式"是否超期 = IF([到期日期]<VALUE("2021/9/25"),"超期","正常")"，按 Enter 键，新建列"是否超期"，如图 8-10 所示。

提示：本例中将截止日期设置为 2021/9/25，在此之前的应收账款归为超期的行列。到期日期小于指定的截止日期，则显示"超期"，否则显示"正常"。

在图 8-10 中可以看到，"是否超期"列中显示"超期"的记录有已经收回的账款。为便于统计逾期没有收回的账款，可以再增加一列，显示记录是否核销。核销表示本期已收回应收账款，未核销则指尚未收回的应收账款。

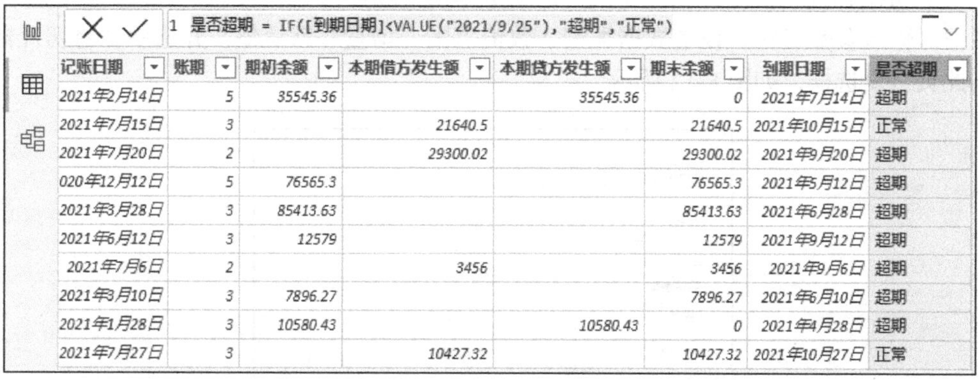

记账日期	账期	期初余额	本期借方发生额	本期贷方发生额	期末余额	到期日期	是否超期
2021年2月14日	5	35545.36		35545.36	0	2021年7月14日	超期
2021年7月15日	3		21640.5		21640.5	2021年10月15日	正常
2021年7月20日	2		29300.02		29300.02	2021年9月20日	超期
020年12月12日	5	76565.3			76565.3	2021年5月12日	超期
2021年3月28日	3	85413.63			85413.63	2021年6月28日	超期
2021年6月12日	3	12579			12579	2021年9月12日	超期
2021年7月6日	2		3456		3456	2021年9月6日	超期
2021年3月10日	3	7896.27			7896.27	2021年6月10日	超期
2021年1月28日	3	10580.43		10580.43	0	2021年4月28日	超期
2021年7月27日	3		10427.32		10427.32	2021年10月27日	正常

是否超期 = IF([到期日期]<VALUE("2021/9/25"),"超期","正常")

图 8-10　新建列"是否超期"

（8）计算是否核销。单击"主页"选项卡"计算"组的"新建列"按钮，在编辑栏输入表达式"是否核销 = IF([期末余额]=0,"核销","未核销")"，按 Enter 键，新建列"是否核销"，如图 8-11 所示。

账期	期初余额	本期借方发生额	本期贷方发生额	期末余额	到期日期	是否超期	是否核销
5	35545.36		35545.36	0	2021年7月14日	超期	核销
3		21640.5		21640.5	2021年10月15日	正常	未核销
2		29300.02		29300.02	2021年9月20日	超期	未核销
5	76565.3			76565.3	2021年5月12日	超期	未核销
3	85413.63			85413.63	2021年6月28日	超期	未核销
3	12579			12579	2021年9月12日	超期	未核销
2		3456		3456	2021年9月6日	超期	未核销
3	7896.27			7896.27	2021年6月10日	超期	未核销
3	10580.43		10580.43	0	2021年4月28日	超期	核销
3		10427.32		10427.32	2021年10月27日	正常	未核销

是否核销 = IF([期末余额]=0,"核销","未核销")

图 8-11　计算应收账款是否核销

8.2　制作可视化报表

应收账款日常管理的内容包括：应收账款追踪分析、应收账款账龄分析、应收账款收现率分析和应收账款坏账准备制度。本节利用 Power BI Desktop 中的视觉对象制作动态报表，对应收账款进行分析。

8.2.1　创建模拟参数

在 Power BI 中，通常情况下，DAX 函数中的参数本质上都来自于原始数据，不受 Power BI 报表使用者的控制。为了使报表呈现的数据更加灵活，可以自定义模拟参数放在切片器中使用，或作为度量值被其他 DAX 调用，实现动态分析。

提示：切片器不支持使用度量值作为字段。

本节创建一个模拟参数，用于配置切片器，动态展示应收账款金额的前 *N* 位，以及前 *N* 位的金额总计。

（1）切换到报表视图，在"建模"选型卡单击"新建参数"按钮，打开"模拟参数"对话框。输入参数名称，设置数据类型、数值范围、增量和默认值，并选中"将切片器添加到此页"复选框，如图 8-12 所示。

图 8-12　设置模拟参数

（2）单击"确定"按钮关闭对话框，在报表画布中可以看到添加的切片器，如图 8-13 所示。拖动切片器中的滑块，可以调整参数的数值。

图 8-13　添加的切片器

（3）切换到数据视图，可以看到创建的参数表，本例创建的模拟参数是一个从 0 到 10，步长值为 1 的整数序列，默认值为 0，列名为指定的参数名称，如图 8-14 所示。

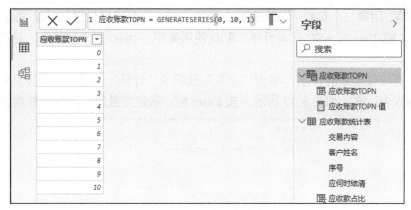

图 8-14　创建的参数表

从图 8-14 中可以看到，Power BI 使用 GENERATESERIES 函数创建参数表，该表中的计算列可以用于配置切片器，以选择参数。在"字段"窗格中可以看到，创建参数表"应收账款 TOPN"的同时，Power BI 还创建了一个对应的度量值"应收账款 TOPN 值"，并自动添加到数据模型中，可以在整个报表中使用。

（4）单击该度量值，在编辑栏中可以看到 Power BI 使用 SELECTEDVALUE 函数获取被选中的参数值，本例中默认值设置为 0，如图 8-15 所示。

图 8-15　查看度量值

SELECTEDVALUE 函数的语法如下：

```
SELECTEDVALUE ( <ColumnName>, [<AlternateResult>] )
```

返回第一个参数列的唯一引用值，如果参数列在上下文过滤器中不是唯一可用值，将返回第二个参数值（默认值），如果省略第二个参数，则返回空值。

8.2.2　计算应收账款排名

计算应收账款排名

创建了模拟参数后，可以新建度量值，通过调用创建参数表时生成的度量值，动态生成应收账款金额的前 N 名。

（1）对应收账款金额进行排名。单击"主页"选项卡"计算"组的"新建度量值"按钮，在编辑栏输入表达式"排名 = RANKX(ALL('应收账款统计表'),[应收账款总额],,DESC)"，如图 8-16 所示，按 Enter 键，新建度量值"排名"。

```
1 排名 = RANKX(ALL('应收账款统计表'),[应收账款总额],,DESC)
```

图 8-16　新建度量值"排名"

RANKX 函数对数据排序，返回在当前上下文中计值表达式沿着指定表每行计值结果的排名。语法如下：

```
RANKX( <table>, <expression>[, <value>] [,<order>][, <ties>])
```

其中，参数<table>是需要进行排序的表；<expression>是沿着表每行计值的表达式，是能返回单一标量结果的排序关键字。可选参数<value>是需要返回排名的 DAX，返回标量值，如果省略，用第二个参数 <expression>代替。<order>是排序依据，0 或 False 或 DESC 代表降序，1 或 True 或 ASC 代表升序，默认使用降序。<ties>是平局规则，是处理相同排名时的依据。

（2）计算应收金额前 *N* 名。单击"主页"选项卡"计算"组的"新建度量值"按钮，在编辑栏输入表达式，如图 8-17 所示，按 Enter 键，新建度量值"应收金额前 *N* 名"。

```
1 应收金额前N名 =
2 VAR SelectedTop =
3 SELECTEDVALUE('应收账款TOPN'[应收账款TOPN])
4 RETURN
5 SWITCH(
6     TRUE(),
7     SelectedTop = 0,[应收账款总额],
8     [排名] <= SelectedTop,[应收账款总额]
9 )
```

图 8-17 新建度量值"应收金额前 *N* 名"

上述表达式使用函数 SELECTEDVALUE 获取切片器中选择的数值，赋值给自定义变量 SelectedTop。然后利用 SWITCH 函数根据值的不同情况输出不同的结果。SWITCH 函数中的<expression>参数使用 TRUE()表达式，则 Power BI 会执行后面设定的条件判断语句，如果返回结果为 TRUE，则返回对应的输出结果；否则，执行下一条语句。

本例中，语句 SelectedTop=0,[应收账款总额]用于判断切片器中选择的数值是否为 0，如果是 0 就按照外围筛选条件输出对应的应收账款，否则执行语句[排名]<=SelectedTop,[应收账款总额]。如果应收账款金额的排序值小于或等于切片器中选择的值，则按照外围筛选条件输出指定度量值的结果。

> 提示：本例中的 SWITCH 函数没有定义< else >参数，因此，如果排序值大于切片器中选择的值，则返回 ERROR，也就是不输出后面的结果。

（3）计算应收账款前 *N* 名的总额。单击"主页"选项卡"计算"组的"新建度量值"按钮，在编辑栏输入表达式，如图 8-18 所示，按 Enter 键，新建度量值"TOPN 应收款总额"。

```
1 TOPN应收款总额 = CALCULATE(
2     [应收账款总额],
3     TOPN([应收账款TOPN 值],ALL('应收账款统计表'),[应收账款总额])
4 )
```

图 8-18 新建度量值"TOPN 应收款总额"

函数 TOPN 返回指定表的前 *N* 行，语法如下：

```
TOPN ( <rows>, <table>[, <expression>, <order>][, <expression>, ...] )
```

第一个参数 <rows>是要返回的行数表达式，第二个参数 <table>是要筛选的表；可选参数<expression>是排序依据；可选参数<order>是排序规则，默认按降序排列。

本例输入的表达式用创建模拟参数时自动生成的度量值作为第一个参数，可以在分析过程中通过拖动切片器实现动态的 TOPN 分析。

8.2.3 动态展示应收账款前 *N* 位

应收账款是由于企业赊销而形成的。赊销虽然能扩大销售量，给企业带来更多的利润，但同时也存在着一部分货款不能收回的风险。如果应收

动态展示应收账款
前 *N* 位

账款过多，则会增加应收账款管理的成本，减少收益。

本节利用模拟参数和创建的度量值动态展示应收账款金额较大的前 N 个单位，以及这 N 个单位的应收账款总额。

（1）切换到报表视图，在"可视化"窗格中单击"簇状柱形图"按钮 ，然后将"应收账款统计表"中的字段"客户姓名"拖放到"字段"选项卡的"轴"编辑区，度量值"应收金额前 N 名"拖放到"值"编辑区，如图 8-19 所示。在报表画布中可以看到生成的簇状柱形图如图 8-20 所示。

图 8-19　设置字段位置

（2）在"可视化"窗格中切换到"格式"选项卡。展开"X轴"选项，设置坐标轴文本颜色为黑色，字号为 10 磅，不显示标题。同样的方法设置"Y轴"选项。

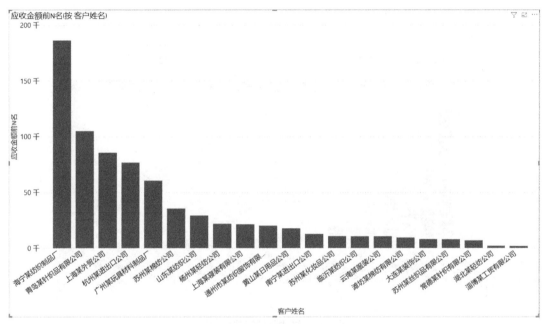

图 8-20　簇状柱形图

（3）展开"绘图区"选项，单击"添加映像"按钮，从弹出的对话框中选择一个图像文件，单击"打开"按钮设置背景图像，然后设置图像的透明度和匹配度，如图 8-21 所示。

（4）展开"标题"选项，修改标题文本为"应收金额前 N 名"，字体颜色为黑色，背景颜色为蓝色，对齐方式为"居中"，文本大小为 14 磅，如图 8-22 所示。

（5）单击"边框"选项的开关按钮，显示边框，并设置边框颜色为深蓝色。然后调整视觉对象的大小，效果如图 8-23 所示。

接下来设置切片器的格式。

（6）在报表画布中选中切片器，在"格式"选项卡展开"切片器标头"选项，修改标题文本为"应收账款 TOPN"，字体颜色为深蓝色，边框为"仅底部"，文本大小为 12 磅，如图 8-24 所示。

（7）展开"数值输入"选项，设置字体颜色为黑色，背景颜色为浅蓝色，文本大小为 10 磅，如图 8-25 所示。

（8）展开"滑块"选项，设置滑块的颜色为深蓝色，如图 8-26 所示。

图 8-21　设置绘图区

图 8-22　设置标题选项

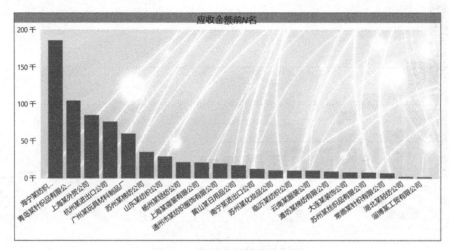

图 8-23　格式化的簇状柱形图

图 8-24　设置切片器标头

图 8-25　设置数值输入选项

图 8-26　设置滑块选项

（9）单击"边框"选项的开关按钮显示边框，边框颜色为深蓝色，如图 8-27 所示。然后调整切片器的大小和位置，效果如图 8-28 所示。

图 8-27　设置边框

图 8-28　格式化的切片器

此时，可以通过滑动切片器上的滑块，在可视化图表中动态展示应收账款金额排名前 *N* 位的相关数据。

（10）拖动切片器上的滑块，数值框中的数据随之变化，显示当前获取的参数值，如图 8-29 所示。簇状柱形图也自动筛选，仅显示排名前三的数据系列，如图 8-30 所示。

图 8-29　设置切片器参数

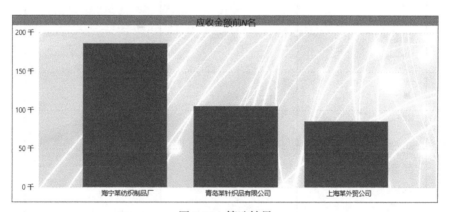

图 8-30　筛选结果

（11）继续拖动滑块，显示应收账款金额较大的前 6 位，如图 8-31 所示。

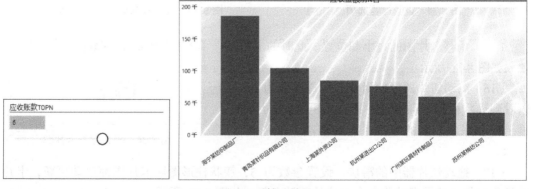

图 8-31　筛选结果

接下来创建一个卡片图，显示应收账款金额较大的前 N 位的总计金额。

（12）取消选中报表画布中的任一视觉对象，在"可视化"窗格中单击"卡片图"按钮
123，然后将度量值"TOPN 应收款总额"拖放到"字段"选项卡的字段编辑框中，如图 8-32
所示，即可创建一个卡片图，如图 8-33 所示。

图 8-32 设置字段位置

图 8-33 创建的卡片图

由于此时切片器滑块位于数值 0 处，因此卡片图的数据标签显示为"空白"。

（13）切换到"格式"选项卡，在"标题"选项中设置标题文本为"前 N 位应收款
总额"，字体颜色为黑色，背景颜色为蓝色，对齐方式为"居中"，文本大小为 14 磅，
如图 8-34 所示。

（14）展开"数据标签"选项，设置标签颜色为红褐色，文本大小为 35 磅，然后单击
"类别标签"选项的开关按钮，不显示类别标签，如图 8-35 所示。

图 8-34 设置标题选项

图 8-35 设置数据标签和类别标签

（15）调整卡片图的大小和位置，此时的卡片图
效果如图 8-36 所示。

（16）拖动切片器中的滑块，设置参数为 1，可
以看到簇状柱形图和卡片图都自动更新，卡片图仅
显示应收账款较多的单位对应的金额，如图 8-37
所示。

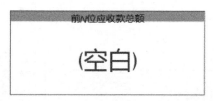

图 8-36 格式化的卡片图

（17）拖动切片器中的滑块，设置参数为 3，簇状柱形图和卡片图都自动更新，卡片
图显示应收账款最多的前 3 个单位的总计金额，如图 8-38 所示。

图 8-37　参数为 1 的筛选结果

图 8-38　参数为 3 的筛选结果

接下来制作一个环形图，显示筛选出的前 N 个单位应收账款的占比。

（18）将滑块拖放到数值 0 处，取消选中报表画布中的任一视觉对象，在"可视化"窗格中单击"环形图"按钮⊙，然后将"应收账款统计表"中的字段"客户姓名"拖放到"字段"选项卡的"图例"编辑框，度量值"应收金额前 N 名"拖放到"值"编辑框，如图 8-39所示。

图 8-39　设置字段位置

（19）调整环形图的大小，可以看到环形图中显示了统计表中所有单位的相关信息，如图 8-40 所示。

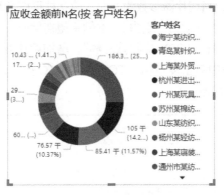

图 8-40　创建的环形图

（20）切换到"格式"选项卡，关闭"图例"选项。展开"详细信息标签"选项，设置标签样式为"类别，总百分比"，颜色为黑色，文本大小为 10 磅，如图 8-41 所示。然后修改标题文本、颜色、背景和大小，显示边框，并设置边框颜色。格式化之后的环形图如图 8-42 所示。

图 8-41 设置详细信息标签

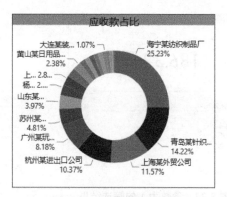

图 8-42 格式化的环形图

（21）调整报表画布中各个视觉对象的大小，然后利用"格式"选项卡中的"对齐"命令进行对齐排列，最终效果如图 8-43 所示。

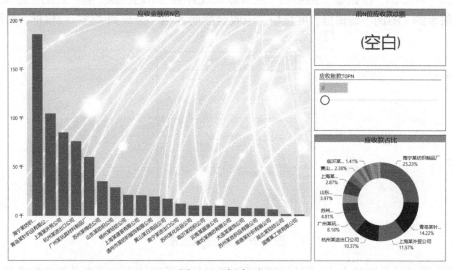

图 8-43 报表页面

从图 8-43 中可以看到，当切片器参数为 0 时，簇状柱形图和环形图均显示统计表中所有单位的数据信息，但卡片图中显示为"空白"。本例希望初始时，卡片图中显示所有应收账款的总金额，因此应修改度量值"TOPN 应收款总额"，增加切片器参数为 0 时的处理语句。

（22）在"字段"窗格中单击度量值"TOPN 应收款总额"，编辑栏中显示对应的表达式。修改表达式如图 8-44 所示。

```
1  TOPN应收款总额 =
2  VAR SelectedTop =
3  SELECTEDVALUE('应收账款TOPN'[应收账款TOPN])
4  RETURN
5  IF(
6        SelectedTop = 0,[应收账款总额],
7  CALCULATE(
8        [应收账款总额],
9        TOPN([应收账款TOPN 值],ALL('应收账款统计表'),[应收账款总额])
10       )
11 )
```

图 8-44 修改度量值

首先获取切片器参数，然后利用 IF 函数对参数值进行判断，如果值为 0，则显示所有单位的应收账款总额，否则利用 TOPN 函数调用创建参数表时自动生成的度量值，仅显示

应收账款较多的前 *N* 个单位的总计金额。

（23）修改完成后，按 Enter 键，可以看到卡片图的数据标签发生了变化，显示所有单位应收账款的总计金额，如图 8-45 所示。

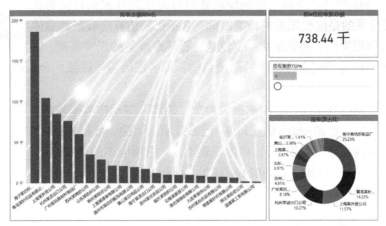

图 8-45　报表页面的初始状态

（24）拖动切片器中的滑块，当前报表页面中的其他视觉对象均会随之发生变化，显示筛选结果，如图 8-46 和图 8-47 所示。

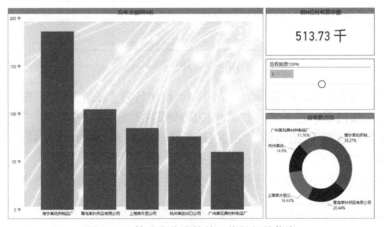

图 8-46　筛选应收账款前 5 位的相关信息

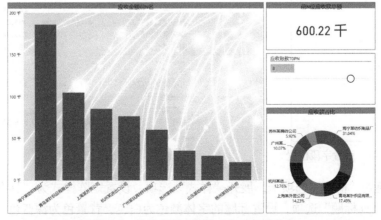

图 8-47　筛选应收账款前 8 位的相关信息

（25）双击当前报表页的页面选项卡，将报表页重命名为"应收账款分析"。

8.2.4　使用矩阵分析账龄

使用矩阵分析账龄

应收账款的账龄是指没有偿付的应收账款自发生之日起到目前为止的时间。账龄反映的是应收账款的持有时间，它不仅是估算应收账款总体风险和时间价值损失的主要依据之一，也是计提坏账准备的现实基础。应收账款账龄分析就是研究应收账款的账龄结构，即各账龄应收账款的余额占应收账款总计余额的比重。

本节利用 Power BI Desktop 中的视觉对象"矩阵"展示应收账款的实际占用天数。

（1）计算账龄，账龄=数据截止日期–记账日期。切换到数据视图，在"字段"窗格中选中"往来单位应收账款明细表"，单击"表工具"选项卡中的"新建列"按钮，在编辑栏中输入表达式"账龄 = VALUE("2021/9/25")–[记账日期]"，按 Enter 键，即可新建一列，显示各个单位的账龄，如图 8-48 所示。

期初余额	本期借方发生额	本期贷方发生额	期末余额	到期日期	是否超期	是否核销	账龄
35545.36			35545.36	0	2021年7月14日	超期	核销	223
	21640.5		21640.5	2021年10月15日	正常	未核销	72
	29300.02		29300.02	2021年9月20日	超期	未核销	67
76565.3			76565.3	2021年5月12日	超期	未核销	287
85413.63			85413.63	2021年5月28日	超期	未核销	181
12579			12579	2021年9月12日	超期	未核销	105
	3456		3456	2021年9月6日	超期	未核销	81
7896.27			7896.27	2021年5月10日	超期	未核销	199
10580.43		10580.43	0	2021年4月28日	超期	核销	240
	10427.32		10427.32	2021年10月27日	正常	未核销	60

图 8-48　计算账龄

（2）切换到报表视图，新建一个报表页面，重命名为"账龄分析"。在"可视化"窗格中单击"矩阵"按钮，然后将"往来单位应收账款明细表"中的字段"往来单位"拖放到"字段"选项卡的"行"编辑框，"记账日期"拖放到"列"编辑框，"账龄"拖放到"值"编辑框，如图 8-49 所示。

此时，在报表画布中可以看到基于指定字段生成的矩阵，如图 8-50 所示。

图 8-49　设置字段位置

往来单位	2020	2021	总计
大连某公司		199.00	199.00
杭州某进出口公司	287.00		287.00
黄山某公司		81.00	81.00
南宁某进出口公司		105.00	105.00
山东某公司		67.00	67.00
上海某外贸公司		181.00	181.00
苏州某公司		223.00	223.00
苏州某化妆品公司		240.00	240.00
杨州某公司		72.00	72.00
云南某公司		60.00	60.00
总计	287.00	1,228.00	1,515.00

图 8-50　创建的矩阵

（3）切换到"格式"选项卡，展开"样式"选项，设置矩阵样式为"具有对比度的交替行"。展开"列标题"选项，设置标题的字体颜色为白色，背景色为深蓝色，仅显示底部边框，文本大小为 16 磅，对齐方式为"居中"，如图 8-51 所示。

（4）展开"行标题"选项，设置标题的字体颜色为白色，背景色为深蓝色，仅显示顶部边框，如图8-52所示。

（5）展开"值"选项，设置字体颜色、背景色以及替代字体颜色和替代背景色，仅显示底部边框，如图8-53所示。

图 8-51　设置列标题　　　　　图 8-52　设置行标题　　　　　图 8-53　设置值

（6）展开"总计"选项，设置字体颜色为白色，背景色为深蓝色，文本大小为14磅，如图8-54所示；单击"边框"选项的开关按钮，显示边框，边框颜色为深蓝色，如图8-55所示。调整矩阵的大小，结果如图8-56所示。

往来单位	2020	2021	总计
大连某公司		199.00	199.00
杭州某进出口公司	287.00		287.00
黄山某公司		81.00	81.00
南宁某进出口公司		105.00	105.00
山东某公司		67.00	67.00
上海某外贸公司		181.00	181.00
苏州某公司		223.00	223.00
苏州某化妆品公司		240.00	240.00
扬州某公司		72.00	72.00
云南某公司		60.00	60.00
总计	287.00	1,228.00	1,515.00

图 8-54　设置总计　　　　图 8-55　设置边框　　　　图 8-56　格式化的矩阵

8.2.5　使用条件格式突出显示账龄

为便于直观地查看和分析应收账款的账龄，可以根据账龄的长短用深浅不一的背景颜色进行标注以突出显示。

（1）在"格式"选项卡中展开"条件格式"选项，设置字段为"账龄"，

使用条件格式突出
显示账龄

然后打开"背景色"开关按钮，如图 8-57 所示。此时 Power BI Desktop 自动根据"账龄"
列的值大小显示深浅不一的蓝色背景，如图 8-58 所示。

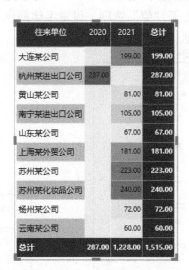

图 8-57   设置条件格式　　　　　　　　　　　图 8-58   应用条件格式的效果

（2）单击"条件格式"选项中的"高级控件"按钮，打开"背景色 – 账龄"对话框。
设置最小值颜色为绿色，居中为黄色，最大值为红色，并选中"散射"复选框，如图 8-59
所示。

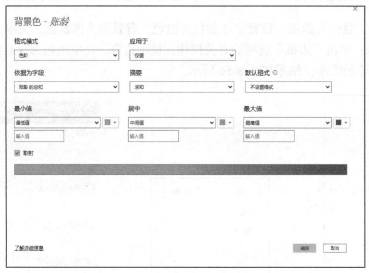

图 8-59   设置背景色

（3）单击"确定"按钮关闭对话框，可以看到矩阵中的账龄值从大到小显示为红色到
绿色的渐变色，如图 8-60 所示。

接下来在矩阵中添加其他字段。

（4）从"字段"窗格中将字段"期末余额"拖放到"字段"选项卡中的"值"编辑框
中，如图 8-61 所示，此时的矩阵如图 8-62 所示。

（5）在值字段"期末余额"上右击，从弹出的快捷菜单中选择"将值显示为"→"列
汇总的百分比"，如图 8-63 所示。

图 8-60 应用条件格式

图 8-61 添加值字段

（6）再次右击字段"期末余额"，从图 8-63 所示的快捷菜单中选择"针对此视觉对象重命名"命令，将字段重命名为"占比"，此时的矩阵如图 8-64 所示。

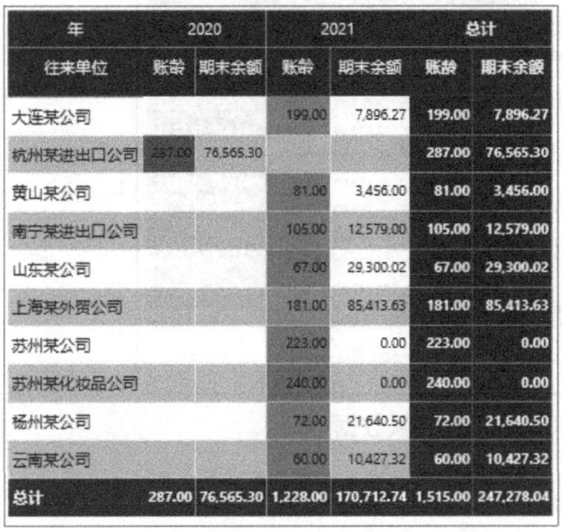

图 8-62 添加字段的矩阵

图 8-63 修改值字段的汇总方式

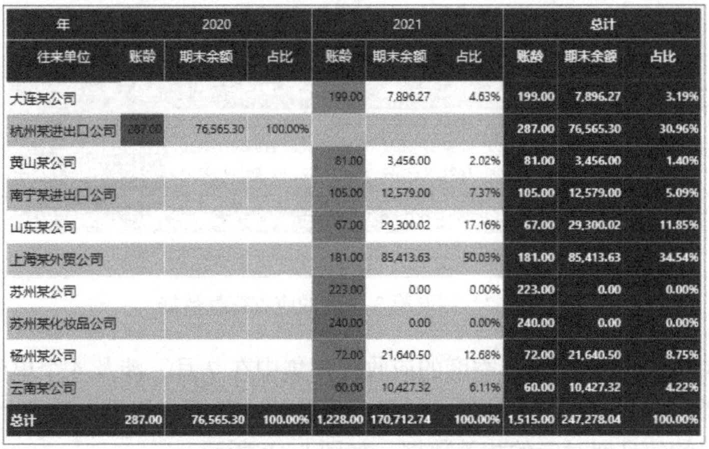

图 8-64 重命名视觉对象中的字段

从图 8-64 中可以很方便地查看每个单位的账龄，以及应收账款在应收账款总额中的占比。

按日期钻取应收
账款的账龄

8.2.6　按日期钻取应收账款的账龄

本节利用钻取功能，按日期查看应收账款的账龄。

（1）在矩阵中右击单元格"2020"，从弹出的快捷菜单中选择"向下钻取"命令，矩阵中即可仅显示 2020 年的应收账款数据，如图 8-65 所示。

年		2020					总计		
季度		季度 4			总计				
往来单位	账龄	期末余额	占比	账龄	期末余额	占比	账龄	期末余额	占比
杭州某进出口公司	287.00	76,565.30	100.00%	287.00	76,565.30	100.00%	287.00	76,565.30	100.00%
总计	287.00	76,565.30	100.00%	287.00	76,565.30	100.00%	287.00	76,565.30	100.00%

图 8-65　钻取 2020 年的应收账款数据

（2）在"数据/钻取"选项卡"钻取操作"组单击"向上钻取"命令，显示所有矩阵数据。单击矩阵右下角或右上角的"向下钻取"按钮 ↓，启用向下钻取功能，然后单击矩阵中的单元格"2021"，矩阵中即可分季度显示 2021 年的应收账款数据，如图 8-66 所示。

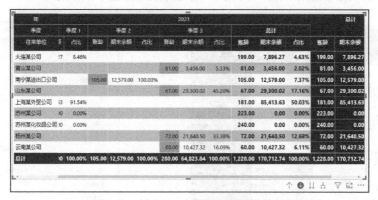

图 8-66　钻取 2021 年的应收账款数据

（3）单击单元格"季度 3"，即可查看 2021 年第 3 季度的应收账款信息，如图 8-67 所示。

图 8-67　钻取第 3 季度的应收账款数据

从图 8-67 中可以看到，第 3 季度的应收账款集中在 7 月，涉及 4 个单位。

（4）单击矩阵右下角或右上角的"转至层级结构中的下一级别"按钮 ↓↓，可以展开 7 月中每个应收账款的日期对应的相关数据，如图 8-68 所示。

（5）数据钻取完成，单击"数据/钻取"选项卡"钻取操作"组的"向上钻取"按钮，即可返回到层级结构的上一级。

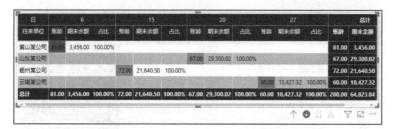

图 8-68　钻取 7 月每个日期的应收账款信息

8.2.7　筛选超期和核销数据

筛选超期和
核销数据

企业已发生的应收账款时间长短不一，有的尚未超过信用期，有的则已逾期拖欠。通常情况下，逾期拖欠时间越长，账款催收的难度越大，成为坏账的可能性也就越高。因此，进行账龄分析，密切注意应收账款的回收情况，是提高应收账款收现效率的重要环节。

本节使用筛选器对矩阵中的数据进行筛选，只显示超期和未核销的数据，因为已核销表示该项应收账款已经收回，无须再做分析。

（1）取消选中报表页中的任一视觉对象，展开"筛选器"窗格，将字段"是否超期"拖放到"筛选器"窗格，添加筛选器。设置筛选类型为"基本筛选"，然后取消选中"全选"，选中"超期"复选框，如图 8-69 所示。

图 8-69　设置筛选器

此时的矩阵中仅显示超期单位的相关数据，如图 8-70 所示。

年	2020			2021			总计		
往来单位	账龄	期末余额	占比	账龄	期末余额	占比	账龄	期末余额	占比
大连某公司				199.00	7,896.27	5.70%	199.00	7,896.27	3.67%
杭州某进出口公司	287.00	76,565.30	100.00%				287.00	76,565.30	35.58%
黄山某公司				81.00	3,456.00	2.49%	81.00	3,456.00	1.61%
南宁某进出口公司				105.00	12,579.00	9.07%	105.00	12,579.00	5.84%
山东某公司				67.00	29,300.02	21.13%	67.00	29,300.02	13.61%
上海某外贸公司				181.00	85,413.63	61.61%	181.00	85,413.63	39.69%
苏州某公司				223.00	0.00	0.00%	223.00	0.00	0.00%
苏州某化妆品公司				240.00	0.00	0.00%	240.00	0.00	0.00%
总计	287.00	76,565.30	100.00%	1,096.00	138,644.92	100.00%	1,383.00	215,210.22	100.00%

图 8-70　筛选结果

（2）清除"是否超期"筛选器。将字段"是否核销"拖放到"筛选器"窗格，添加筛选器。设置筛选类型为"基本筛选"，然后取消选中"全选"，选中"未核销"复选框，如图 8-71 所示。

此时的矩阵中仅显示未核销单位的相关数据，如图 8-72 所示。

接下来利用环形图和簇状柱形图展示各个单位的账龄以及核销和超期状态。

（3）取消选中任一视觉对象，在"可视化"窗格中单击"环形图"按钮◎，然后将字段"是否核销"拖放到"字段"选项卡的"图例"编辑框，"往来单位"拖放到"详细信息"编辑框，"账龄"拖放到"值"编辑框，如图 8-73 所示。在报表页中可以看到生成的环形图如图 8-74 所示。

图 8-71　设置筛选器

年	2020			2021			总计		
往来单位	账龄	期末余额	占比	账龄	期末余额	占比	账龄	期末余额	占比
大连某公司				199.00	7,896.27	4.63%	199.00	7,896.27	3.19%
杭州某进出口公司	287.00	76,565.30	100.00%				287.00	76,565.30	30.96%
黄山某公司				81.00	3,456.00	2.02%	81.00	3,456.00	1.40%
南宁某进出口公司				105.00	12,579.00	7.37%	105.00	12,579.00	5.09%
山东某公司				67.00	29,300.02	17.16%	67.00	29,300.02	11.85%
上海某外贸公司				181.00	85,413.63	50.03%	181.00	85,413.63	34.54%
扬州某公司				72.00	21,640.50	12.68%	72.00	21,640.50	8.75%
云南某公司				60.00	10,427.32	6.11%	60.00	10,427.32	4.22%
总计	287.00	76,565.30	100.00%	765.00	170,712.74	100.00%	1,052.00	247,278.04	100.00%

图 8-72　筛选结果

图 8-73　设置字段位置

图 8-74　创建的环形图

（4）切换到"格式"选项卡，设置图例位置为"右中"，颜色为黑色，字号为 10 磅；展开"详细信息标签"选项，设置标签样式为"类别，数据值"，标签文本颜色为黑色，字号为 9 磅；关闭标题显示；显示边框，边框颜色为深蓝色，如图 8-75 所示。

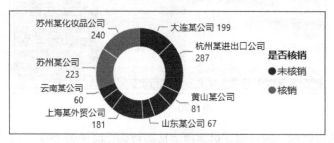

图 8-75　格式化的环形图

（5）取消选中任一视觉对象，在"可视化"窗格中单击"簇状柱形图"按钮 ，然后将字段"往来单位"拖放到"字段"选项卡的"轴"编辑框，"是否超期"拖放到"图例"编辑框，"账龄"拖放到"值"编辑框，如图 8-76 所示。在报表页中可以看到生成的簇状柱形图，如图 8-77 所示。

（6）切换到"格式"选项卡，设置图例位置为"顶部居中"，颜色为黑色，字号为 10 磅；设置 X 轴标签文本颜色为黑色，字号为 9 磅，不显示标题；关闭 Y 轴和标题；显示数据标签，标签文本颜色为黑色，字号为 9 磅；显示边框，边框颜色为深蓝色，如图 8-78 所示。

（7）选中视觉对象，调整视觉对象的大小，然后利用"格式"选项卡中的"对齐"命令排列视觉对象，如图 8-79 所示。

图 8-76 设置字段位置

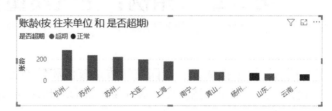

图 8-77 创建的簇状柱形图

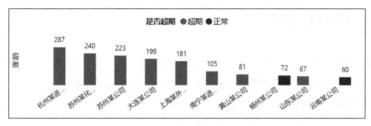

图 8-78 格式化的簇状柱形图

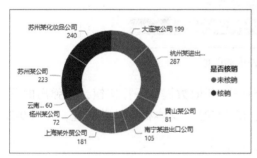
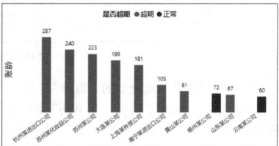

图 8-79 对齐视觉对象

从图 8-79 中可以很直观地查看各个单位的账龄，以及应收账款是否核销或超期。

8.3 本章小结

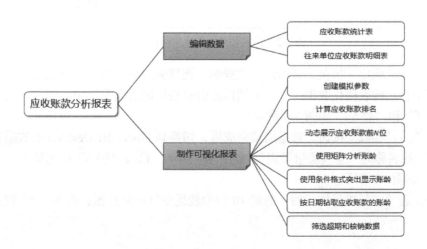

第9章 案例：空气质量数据分析

本实例从网页上抓取某日全国空气质量较优和较差各 10 个城市的监测数据，借助 Power BI Desktop 制作两页报表，分别以簇状条形图和表展示这些城市的空气质量指数和相应的类别，利用气泡图、卡片图和切片器分析空气质量较差城市各个监测点的数据。

9.1 抓取网页数据

抓取网页数据

（1）在浏览器中打开天气网的首页，在导航栏中单击"空气质量"按钮，即可查看全国重点城市空气质量排行榜。在地址栏中选中网址，然后复制当前网页的网址，如图 9-1 所示。

图 9-1　复制地址栏中的网址

（2）在"主页"选项卡的"数据"功能组单击"获取数据"下拉按钮，在弹出的下拉菜单中选择"Web"，打开"从 Web"对话框。在"URL"文本框中粘贴网址，如图 9-2 所示。

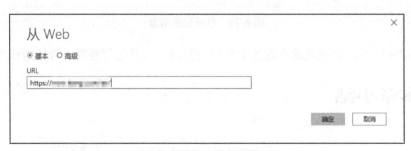

图 9-2　指定要抓取数据的网页地址

（3）单击"确定"按钮，开始连接数据源。连接完成后，弹出"导航器"对话框，显示该网页中存在的表格化数据。单击对话框左侧窗格中的表名称，可以预览表数据。本例选中"表 1"和"表 5"，如图 9-3 所示。

（4）单击"加载"按钮。数据加载完成后，切换到 Power BI Desktop 的数据视图，修改"表 1"的名称为"空气质量类别"，如图 9-4 所示。修改"表 5"的名称为"空气质量排行榜"，如图 9-5 所示。

其中，表"空气质量排行榜"的前 10 行为较优空气质量数据，后 10 行为较差空气质量数据。

图 9-3 选择要加载的表

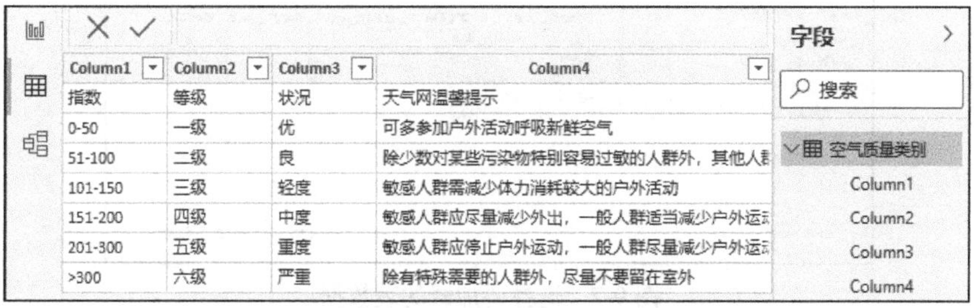

图 9-4 修改"表 1"名称为"空气质量类别"

图 9-5 修改"表 5"名称为"空气质量排行榜"

接下来抓取空气质量最差的城市的相关数据。

（5）在网页浏览器中单击相关链接打开当日空气质量最差的城市——朔州的页面，然后在地址栏中复制该页面的网址。

（6）在"主页"选项卡的"数据"功能组单击"获取数据"下拉按钮，在弹出的下拉菜单中选择"Web"，打开"从 Web"对话框。在"URL"文本框中粘贴网址，如图 9-6 所示。

图 9-6   指定网页地址

通过分析网页地址，可以发现规律，各个城市的空气质量相关页面的网址只有后边城市名称不同。据此，可以抓取其他城市的空气质量数据。

（7）单击"确定"按钮，弹出"导航器"对话框显示指定页面中的表结构数据。选中"表 1"和"表 3"，如图 9-7 所示。

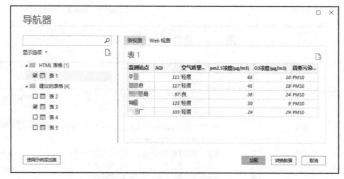

图 9-7   选择要加载的表数据

（8）单击"加载"按钮加载数据。数据加载完成后，切换到 Power BI Desktop 的数据视图，修改"表 1"的名称为"各监测站点 AQI 数据"，修改"表 3"的名称为"朔州主要污染物"。

至此，本例需要的数据抓取完成。

9.2   整理数据

从网页上抓取的数据通常格式不规范，需要对数据进行转换、编辑，例如提升标题、合并数据、拆分列、添加辅助列等，才能用于创建报表。

（1）在"字段"窗格中选中表"空气质量类别"，在"主页"选项卡中单击"转换数据"命令，启动 Power Query 查询编辑器，如图 9-8 所示。

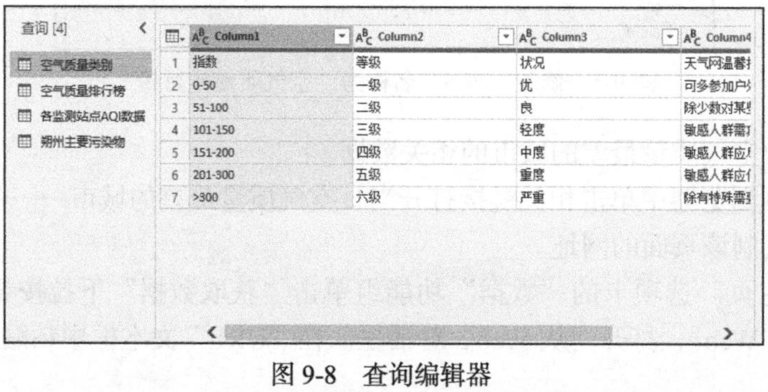

图 9-8   查询编辑器

从图9-8中可以看到，加载的查询的第一行才是需要的标题，因此要提升标题。

（2）在"主页"选项卡的"转换"组单击"将第一行用作标题"命令，即可提升标题，如图9-9所示。

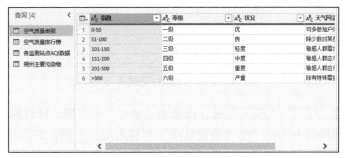

图9-9 提升标题

（3）在"查询"窗格中选中查询"空气质量排行榜"，双击第一列的标题，修改为"城市"。用同样的方法修改其他各列的标题，结果如图9-10所示。

接下来，通过行操作，将查询"空气质量排行榜"拆分为"较优空气质量排行榜"和"较差空气质量排行榜"两个查询。

图9-10 修改列标题

图9-11 选择第二个"复制"命令

（4）在"查询"窗格中选中查询"空气质量排行榜"，右击，从弹出的下拉菜单中选择第二个"复制"命令，如图9-11所示，生成指定查询的一个副本。

（5）将复制的查询重命名为"较优空气质量排行榜"，然后在"主页"选项卡"减少行"组单击"删除行"下拉按钮，在弹出的"删除最后几行"对话框中，设置要删除的行数为10，如图9-12所示。

图9-12 设置要删除的行数

（6）单击"确定"按钮，即可删除查询中的后10行，仅显示空气质量较优的前10行数据，如图9-13所示。

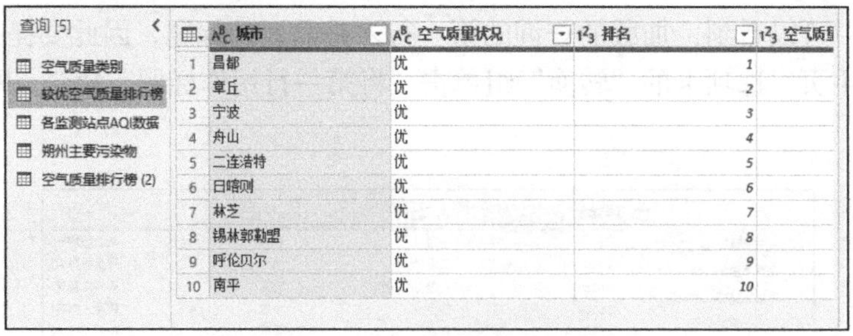

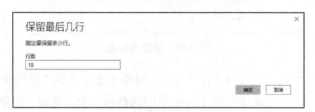

图 9-13   删除行的效果

（7）在列标题"排名"上按下左键，拖动到"城市"列左侧，释放鼠标，"排名"列显示为第一列。用同样的方法将"空气质量状况"列移为最后一列，如图 9-14 所示。

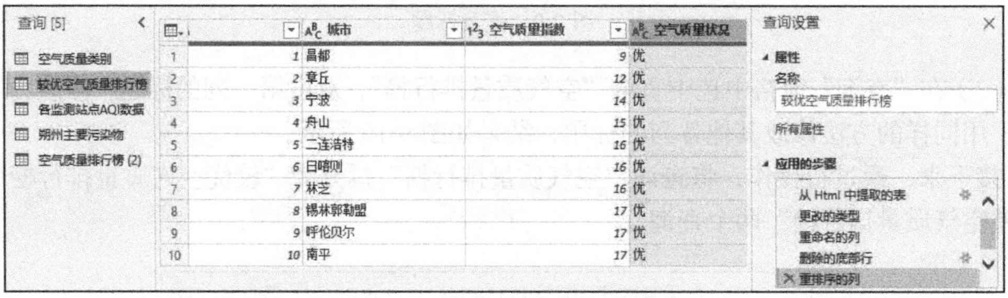

图 9-14   重新排序列

（8）重复第（4）步制作"空气质量排行榜"的一个副本，重命名为"较差空气质量排行榜"，然后在"主页"选项卡"减少行"组单击"保留行"下拉按钮，在弹出的"保留最后几行"对话框中，设置要保留的行数为 10，如图 9-15 所示。

图 9-15   设置要保留的行数

（9）单击"确定"按钮，即可仅保留查询中的最后 10 行数据，也就是空气质量较差的 10 行数据，如图 9-16 所示。

图 9-16   保留最后 10 行的效果

（10）将"排名"列移到查询的开头，"空气质量状况"列移到查询的末尾，如图 9-17 所示。

图 9-17　重排序列

至此，本例导入的数据整理完成。

合并查询

9.3　合并查询

前面提到过，本例中，各个城市的空气质量相关页面的网址只有城市名称不同。本节以此为依据，创建一个表，填充各个城市名称的拼音，通过合并数据和自定义列，自动获取各个城市监测站点的监测数据。

（1）在 Power Query 编辑器的"主页"选项卡单击"输入数据"按钮，在弹出的"创建表"对话框中修改列名为"拼音"，然后输入列值，设置表名称为"城市拼音"，如图 9-18 所示。

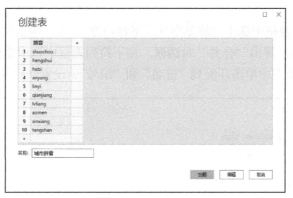

图 9-18　创建表

提示：如果网页中有全国城市名称和对应拼音的表格化数据，可以直接从网页上获取数据，然后根据城市名称与其他查询建立关系，匹配数据。

（2）单击"加载"按钮，创建查询，如图 9-19 所示。

图 9-19　创建的查询

（3）在"添加列"选项卡"常规"组单击"索引列"下拉按钮，从弹出的下拉菜单中选择"从1"，如图9-20所示，即可添加一列从1开始编号的索引列。

（4）在创建的索引列标题右击，从弹出的快捷菜单中选择"移动"→"移到开头"命令，重新排序列，然后修改列名为"编号"，如图9-21所示。

图9-20   设置索引列的起始编号

图9-21   添加索引列的效果

接下来通过合并表，将查询"城市拼音"中的"拼音"列添加到查询"较差空气质量排行榜"中。

（5）在"查询"窗格中选中"较差空气质量排行榜"，在"主页"选项卡"组合"组单击"合并查询"按钮，弹出"合并"对话框。在下拉列表框中选中要合并的查询"城市拼音"，然后分别在两个表中单击匹配列"排名"和"编号"，设置联接种类，如图9-22所示。

图9-22   "合并"对话框

（6）单击"确定"按钮，即可在查询"较差空气质量排行榜"中看到新增了一列，名称为"城市拼音"，如图9-23所示。

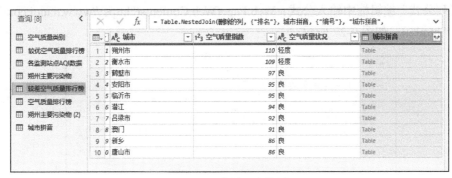

图 9-23　合并查询结果

（7）单击新增列右侧的"展开/聚合"按钮 ，在弹出的对话框中取消选中"使用原始列名作为前缀"复选框，仅选中"拼音"复选框，如图 9-24 所示。

提示：如果不取消选中"使用原始列名作为前缀"复选框，会影响字段的命名。

（8）单击"确定"按钮，即可展开指定列数据，如图 9-25 所示。

图 9-24　指定要展开的数据列

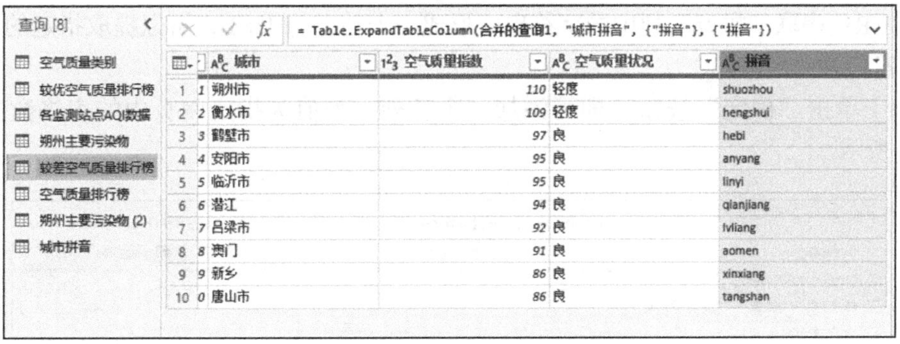

图 9-25　仅展开"拼音"列的效果

创建了拼音列之后，接下来就可以自定义列创建动态 URL，获取各个城市各监测站点的污染物监测数据表。首先查看要获取的表的 URL 和表名称。

（9）切换到查询"各监测站点 AQI 数据"，在"主页"选项卡单击"高级编辑器"按钮，在打开的窗口中，可以查看该查询对应的数据源 URL 和表名称，如图 9-26 所示。单击"完成"按钮关闭对话框。

（10）选中查询"较差空气质量排行榜"的最后一列，在"添加列"选项卡"常规"组，单击"自定义列"按钮，打开"自定义列"对话框。设置新列名为"主要污染物"，然后在

"自定义列公式"编辑框中输入公式：Web.Page(Web.Contents("https://www.tianqi.com/air/"&
[拼音]&".html"))，如图 9-27 所示。

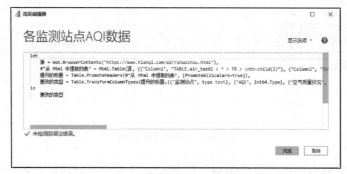

图 9-26   "高级编辑器"窗口

图 9-27   "自定义列"对话框

本例公式中，Web.Page 和 Web.Contents 用于提取指定的网页内容。URL 参数使用一个
固定的 URL 串联"拼音"列中的字符串，形成一个动态的 URL，可以提取指定的多个网
页的内容。

（11）单击"确定"按钮，即可添加一个新列，列值为指定网页中的表格数据，如
图 9-28 所示。

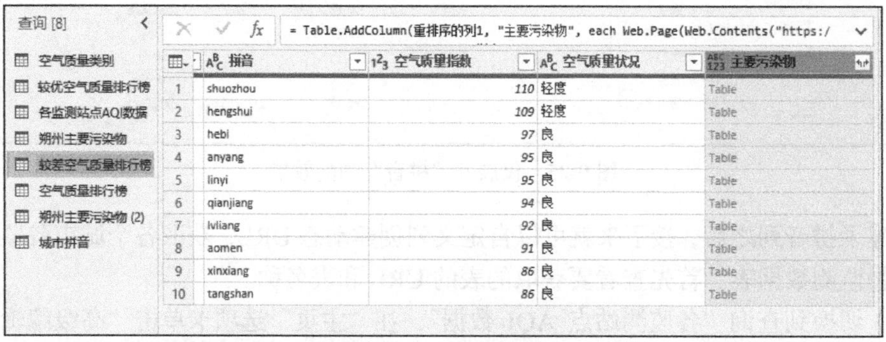

图 9-28   自定义的列

（12）单击"主要污染物"列的某个列值，即可展开表格。例如，单击最后一行的"主
要污染物"列值，显示该值的表格结构，如图 9-29 所示。可以看到该值中包含两个表格。

图 9-29　展开列值

（13）单击第一行"Data"列的列值，即可查看最后一行对应的城市各个监测站点监测的空气质量数据，如图 9-30 所示。

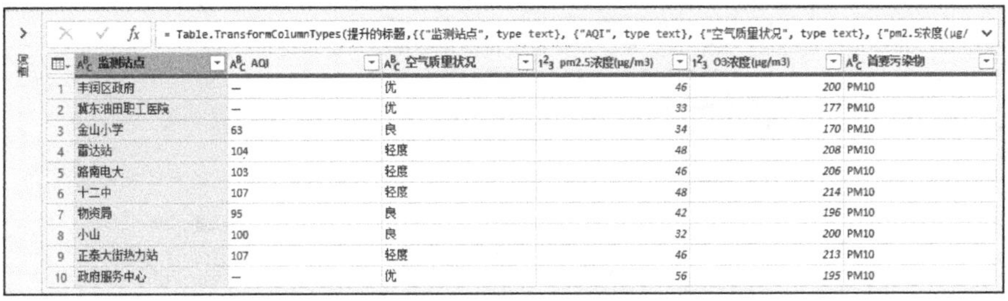

图 9-30　查看指定城市各个监测站点的数据

注意：　本例中的"拼音"列是通过排名匹配的某日空气质量较差的 10 个城市对应的名称，因此，本例中创建的查询仅可以查询当日各城市的空气质量数据。刷新数据后，"城市"列会自动更新，但"拼音"列不会自动更新，因此会出现查询数据不匹配的问题。为解决这个问题，应先抓取城市名称和对应拼音的列表，然后通过"城市名称"进行联接合并查询。这样就可以动态跟踪每天的空气质量数据。

（14）单击"主页"选项卡中的"关闭并应用"按钮，关闭 Power Query 编辑器，并更新数据。

9.4　制作可视化报表

数据整理完成后，就可以基于这些数据创建可视化报表，直观地展示和筛选特定的数据。

利用条形图制作
空气质量排行榜

9.4.1　利用条形图制作空气质量排行榜

空气质量指数（Air Quality Index，AQI）是定量描述空气质量状况的指数，数值越大说明空气污染状况越严重，对人体健康的危害也就越大。

本节利用簇状条形图展示空气质量较优和较差的前 10 个城市，并利用不同的颜色区分空气质量等级。

（1）切换到报表视图，在"可视化"窗格中单击"簇状条形图"按钮 ，然后展开"字段"窗格，选中表"空气质量排行榜"，将要应用于视觉对象的字段依次拖放到"可视化"窗格"字段"选项卡的相应字段编辑框中，"城市"位于"轴"，"图例"为"空气质量状况"，值为"空气质量指数"，如图 9-31 所示。

图 9-31　设置字段位置

（2）在功能区切换到"视图"选项卡，在"主题"下拉列表框中选择"经典"，应用主题的视觉对象效果如图 9-32 所示。

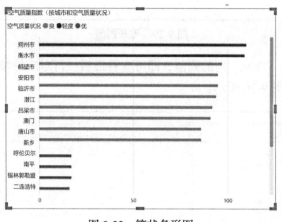

图 9-32　簇状条形图

（3）在"可视化"窗格中切换到"格式"选项卡，展开"图例"选项，设置位置为"顶部居中"，文本颜色为黑色，大小为 14 磅；展开"X 轴"选项，设置文本颜色为黑色，大小为 16 磅；用同样的方法展开"Y 轴"选项，设置文本颜色和大小，如图 9-33 所示。

图 9-33　设置图例和轴选项

本例中，数据颜色默认根据数值大小分为 3 种，空气质量为优的显示为红色，良显示为绿色，轻度污染显示为黑色，不符合常规的标识需要。

（4）展开"数据颜色"选项修改数据项颜色。将"优"设置为绿色，"良"设置为墨绿色，"轻度"设置为红色，如图 9-34 所示。

（5）显示数据标签便于查看 AQI。单击"数据标签"选项的开关按钮，在视觉对象中显示数据标签，然后设置标签颜色为黑色，文本大小为 14 磅，如图 9-35 所示。

（6）展开"绘图区"选项，单击"添加映像"按钮，在弹出的对话框中选择要设置为背景的图像文件，单击"打开"按钮设置绘图区的背景。然后设置图像匹配度为"填充"，透明度为 70%，如图 9-36 所示。

（7）展开"标题"选项，设置标题文本为"较优较差空气质量 TOP10"，字体颜色为红褐色，对齐方式为居中，文本大小为 22 磅；单击"边框"选项右侧的开关按钮，展开"边框"选项，设置边框颜色为黑色，如图 9-37 所示。

图 9-34　设置数据颜色　　图 9-35　设置数据标签　　图 9-36　设置绘图区背景图像

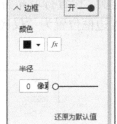

图 9-37　设置标题和边框

（8）调整视觉对象的大小和位置，效果如图 9-38 所示。

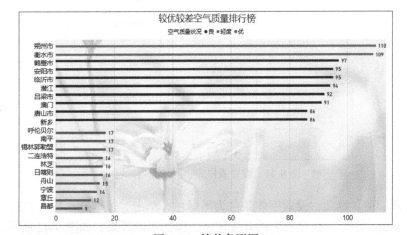

图 9-38　簇状条形图

从图 9-38 中可以很直观地看到各个城市的空气质量排名和状况，从上到下，空气质量越来越好，轻度污染的城市显示为红色，空气质量良好的显示为墨绿色，空气质量优的城市显示为绿色。每个数据条的末端显示对应城市具体的空气质量指数。

制作空气质量
状况明细表

9.4.2　制作空气质量状况明细表

空气质量指数对应空气质量的 6 个类别。9.4.1 节制作了空气质量排行榜的条形图，为便于用户了解空气质量指数、等级和空气质量类别之间的对应关系，本节制作一个空气质量状况明细表。

（1）取消选中任一视觉对象，在"可视化"窗格中单击"表"按钮，在"字段"窗格中选中表"空气质量类别"，将要展示的字段拖放到"可视化"窗格"字段"选项卡的"值"编辑框中，如图 9-39 所示。可以看到创建的"表"视觉对象，如图 9-40 所示。

图 9-39　设置字段位置

等级	指数	状况
二级	51-100	良
六级	>300	严重
三级	101-150	轻度
四级	151-200	中度
五级	201-300	重度
一级	0-50	优

图 9-40　创建的表

（2）在"可视化"窗格中切换到"格式"选项卡，展开"样式"选项，设置样式为"交替行"；展开"网格"选项，设置行填充为 4，轮廓线颜色为绿色，文本大小为 14 磅；展开"列标题"选项，设置边框位置为"仅底部"，文本大小为 14 磅，对齐方式为"居中"，如图 9-41 所示。

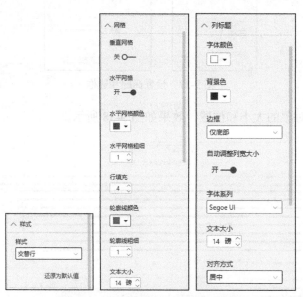

图 9-41　设置表样式、网格和列标题

（3）展开"值"选项，设置字体颜色为墨绿色；单击"边框"选项右侧的开关按钮，显示边框；单击"阴影"选项右侧的开关按钮，添加阴影效果，如图 9-42 所示。

（4）调整表的大小，此时的效果如图 9-43 所示。

（5）将表移到簇状条形图右下角的位置，如图 9-44 所示。

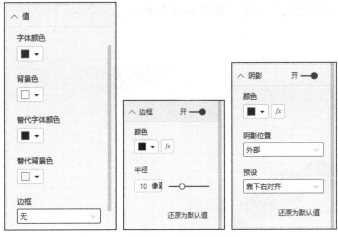

图 9-42　设置值、边框和阴影样式

图 9-43　格式化的表

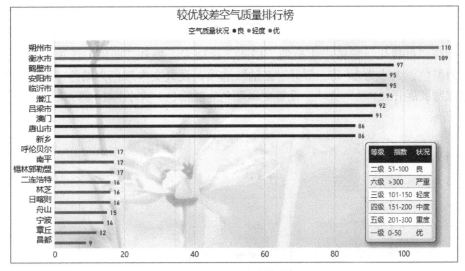

图 9-44　报表页效果

（6）双击报表页名称标签，将报表页重命名为"较优较差空气质量 TOP10"。至此，报表页制作完成。

9.4.3　创建空气质量气泡图

本节制作一个气泡图分析空气质量较差的 10 个城市，通过数据颜色和恒定线分析这 10 个城市中空气污染较严重的城市。

（1）在报表页面选项卡区域单击"新建页"按钮 ＋，新建一个空白的报表页。

（2）在"可视化"窗格中单击"散点图"按钮 。然后在"字段"窗格中选中表"较差空气质量排行榜"，将要应用于视觉对象的字段拖放到"可视化"窗格"字段"选项卡相应的字段编辑框中，如图 9-45 所示。图例为"空气质量状况"，X 轴为"城市"，Y 轴为"空气质量指数"，大小为"空气质量指数"。

图 9-45　设置字段位置

此时，在报表画布中可以看到创建的气泡图，如图 9-46 所示。

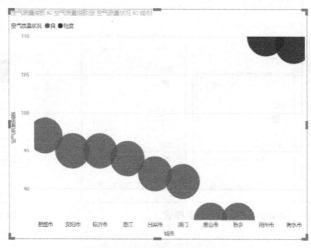

图 9-46   气泡图

（3）在"可视化"窗格中切换到"格式"选项卡。展开"图例"选项，设置图例文本颜色为黑色，大小为 14 磅；展开"X 轴"选项，设置文本颜色为黑色，大小为 14 磅，不显示标题；展开"Y 轴"选项，设置文本颜色为红褐色，大小为 14 磅，不显示标题，如图 9-47 所示。

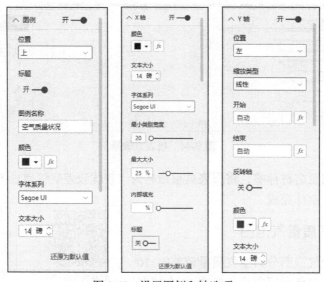

图 9-47   设置图例和轴选项

（4）展开"形状"选项，设置形状大小和标记形状，然后单击"自定义系列"下方的开关按钮，设置空气质量状况为"轻度"的数据项的标记形状为三角形，如图 9-48 所示。

（5）展开"绘图区"选项，单击"添加映像"按钮，在打开的对话框中选择要作为绘图区背景的图像文件，单击"打开"按钮设置背景图像。然后设置图像匹配度为"填充"，透明度为 70%，如图 9-49 所示。

（6）单击"彩色边框"选项右侧的开关按钮，为标记添加轮廓线，如图 9-50 所示。展开"标题"选项，设置标题文本为"较差空气质量 TOP10"，字体颜色为红褐色，标题的背景色为浅黄色，对齐方式为"居中"，文本大小为 22 磅，如图 9-51 所示。

图 9-48　设置形状　　　图 9-49　设置绘图区　　　图 9-50　显示彩色边框　　　图 9-51　设置标题

（7）单击"边框"选项右侧的开关按钮，显示视觉对象的边框。此时的视觉对象如图 9-52 所示。

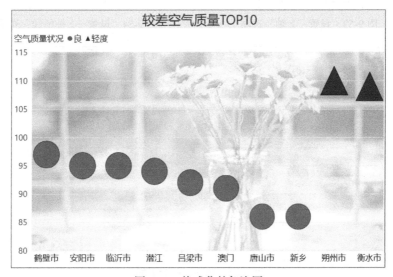

图 9-52　格式化的气泡图

从图 9-52 中可以看到，在自动设置的 Y 轴范围内，部分气泡标记显示不完全，需要修改 Y 轴范围。

（8）再次展开"Y 轴"选项，在"开始"文本框中输入 Y 轴的起始刻度 80，在"结束"文本框中输入 Y 轴的最大刻度 115，如图 9-53 所示。

接下来，在气泡图中添加一条恒线，分隔空气质量类别优于"轻度"和"轻度"及以上的数据。

（9）在"可视化"窗格中切换到"分析"选项卡，展开"Y 轴恒线"选项，单击"添加"按钮，即可添加一条恒线。设置值为 101，颜色为红色；单击"数据标签"下方的开关按钮，显示恒线的数据标签，颜色为红色，如图 9-54 所示。

（10）调整气泡图的大小和位置，效果如图 9-55 所示。

红色恒线下方的绿色气泡为空气质量相对较好的城市，气泡的高度和大小代表对应城市的 AQI。在图 9-55 中可以看到，绿色气泡的 Y 轴介于 80 到 100 之间，因此空气质量类别为"良"。气泡位置越低，表明该数据点对应的城市在当前的 10 个城市中 AQI 越低，空气质量最好。

图 9-53　设置"Y 轴"选项　　　　　　图 9-54　设置"Y 轴恒线"选项

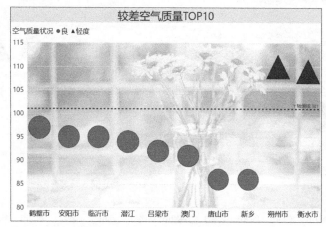

图 9-55　格式化的气泡图

红色恒线上方的黑色气泡为空气质量相对较差的城市，Y 轴介于 101 到 115 之间，因此空气质量类别为"轻度"。气泡位置越高，表明该数据点对应的城市在当前的 10 个城市中 AQI 越高，也就是空气质量越差。

9.4.4　制作各监测站点数据组合图

参与空气质量评价的主要污染物为细颗粒物（PM2.5）、可吸入颗粒物（PM10）、二氧化硫（SO_2）、二氧化氮（NO_2）、臭氧（O_3）、一氧化碳（CO）共 6 项。本节利用"折线和簇状柱形图"展示当日空气质量最差的城市各个监测站点的数据。

（1）取消选中任一视觉对象，在"可视化"窗格中单击"折线和簇状柱形图"按钮 ，然后在"字段"窗格中选中表"各监测站点 AQI 数据"，将要应用于视觉对象的字段拖放到"可视化"窗格"字段"选项卡的相应字段编辑框中，如图 9-56 所示。共享轴为"监测站点"，列值为"O_3

制作各监测站点
数据组合图

图 9-56　设置字段位置

浓度（μg/m³）"和"PM2.5浓度（μg/m³）"，行值为"AQI"。

此时，在报表画布中可以看到基于指定字段创建的视觉对象，如图9-57所示。

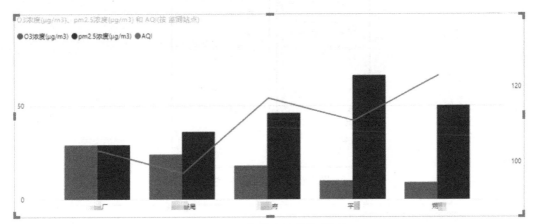

图 9-57　折线和簇状柱形图

从图9-57中可以看到，两个列字段值显示为柱形图，行值字段显示为折线图。默认情况下，左侧Y轴显示柱形图的刻度，右侧的Y轴显示折线图的刻度。

（2）在"可视化"窗格中切换到"格式"选项卡。展开"图例"选项，设置图例文本的颜色为黑色，大小为12磅，折线图的图例样式为"折线图和标记"，如图9-58所示。

（3）展开"X轴"选项，设置文本颜色为黑色，大小为12磅；单击"Y轴"选项右侧的开关按钮，隐藏Y轴，如图9-59所示。

图 9-58　设置图例

图 9-59　设置X轴和Y轴

（4）展开"数据标签"选项，设置标签文本的颜色为黑色，大小为12磅；单击"显示背景"下方的开关按钮，设置数据标签的背景色为浅黄色，如图9-60所示。

（5）单击"标题"选项右侧的开关按钮，隐藏标题。然后调整视觉对象的大小和位置，效果如图9-61所示。

从图9-61中可以很直观地查看各个监测站点的AQI，对比各个监测站点的各项监测数据。

图 9-60　设置数据标签

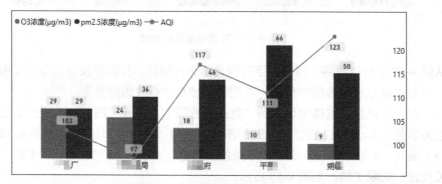

图 9-61　格式化的视觉对象

9.4.5　制作监测数据卡片图

　　如果要显示各个监测站点各项监测数据的具体值，可以使用卡片图。

　　（1）取消选中任一视觉对象，在"可视化"窗格中单击"卡片图"按
钮 📇。然后在"字段"窗格中选中表"各监测站点 AQI 数据"中的字段
"首要污染物"，如图 9-62 所示，即可创建一个卡片图，默认显示第一行
数据指定列的值，如图 9-63 所示。

图 9-62　选择字段

图 9-63　创建的卡片图

　　（2）在"可视化"窗格中切换到"格式"选项卡。单击"类别标签"右侧的开关按
钮，不显示类别标签；展开"数据标签"选项，设置标签文本颜色为红色，大小为 27 磅，
如图 9-64 所示。

　　（3）单击"标题"选项右侧的开关按钮，指定标题文本为"朔州首要污染物"，字体颜
色为红褐色，背景色为浅黄色，对齐方式为"居中"，文本大小为 18 磅，如图 9-65 所示。

（4）单击"边框"选项右侧的开关按钮，显示边框。然后调整卡片图的大小，效果如图 9-66 所示。

图 9-64 设置类别标签和数据标签

图 9-65 设置标题

（5）复制并粘贴制作好的卡片图。选中粘贴的卡片图，在"字段"窗格中将选中字段修改为"AQI"，然后在"格式"选项卡中修改标题文本。用同样的方法制作其他两个卡片图。选中一个卡片图进行拖动，利用智能参考线对齐卡片图，效果如图 9-67 所示。

图 9-66 格式化的卡片图

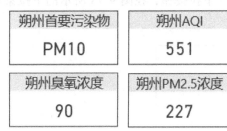

图 9-67 制作的 4 个卡片图

提示：卡片图中显示的数据值默认为指定列所有值的总计。如果列值为文本型，则显示第一个值。

9.4.6 制作监测站点切片器

制作监测站点
切片器

由于 9.4.5 节制作的卡片图不能展示每一个监测站点的监测数据，所以本节继续完善报表页，通过切片器筛选指定监测站点的数据。

（1）取消选中任一视觉对象，在"可视化"窗格中单击"切片器"按钮 ，然后在"字段"窗格中选中表"各监测站点 AQI 数据"中的字段"监测站点"，即可创建一个切片器，默认以列表形式显示字段值，如图 9-68 所示。

图 9-68 创建的切片器

（2）在"可视化"窗格中切换到"格式"选项卡，展开"常规"选项，修改轮廓线颜色为灰色，方向为"水平"，如图 9-69 所示。然后单击"切片器标头"右侧的开关按钮，隐藏标头文本，如图 9-70 所示。

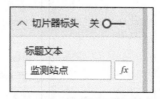

图 9-69　设置切片器方向　　　　　　　　图 9-70　隐藏切片器标头

（3）展开"项目"选项，设置字体颜色为黑色，文本大小为 14 磅，如图 9-71 所示。单击"边框"选项右侧的开关按钮，显示边框。然后调整切片器的大小，效果如图 9-72 所示。

（4）选中报表画布中要进行对齐排列的视觉对象，在功能区的"格式"选项卡中单击"对齐"下拉按钮，在图 9-73 所示的下拉菜单中选择需要的对齐方式，排列选中的视觉对象。

图 9-71　设置"项目"选项　　　图 9-72　格式化的切片器　　　图 9-73　"对齐"下拉菜单

对齐排列完成后的报表页效果如图 9-74 所示。至此，报表页制作完成。

（5）双击当前报表页的页面标签，将报表页重命名为"较差空气质量分析"。

（6）单击切片器中的一个监测站点，折线图和簇状柱形图随之更新，仅显示指定监测站点的监测数据；4 个卡片图也自动更新，显示指定站点的具体数据，如图 9-75 和图 9-76 所示。

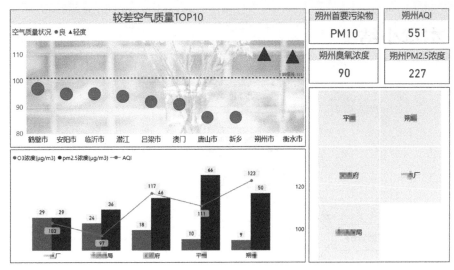

图 9-74 报表页效果

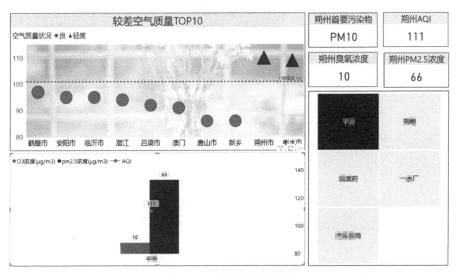

图 9-75 平朔的监测数据

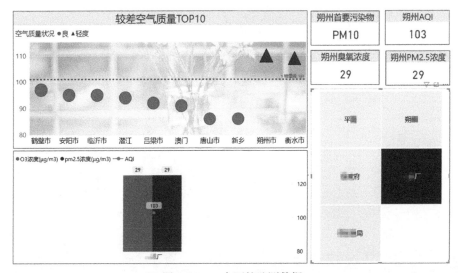

图 9-76 一水厂的监测数据

9.5　本章小结

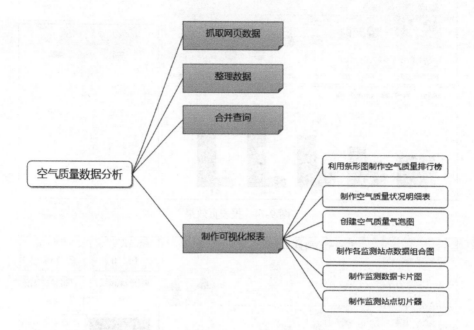

第10章　案例：考勤与薪酬分析

考勤与薪酬管理分析是企业人力资源和财务管理的重要组成部分。考勤是维护企业的正常工作秩序、提高工作效率、严肃企业纪律的一种制度体系。薪酬作为实现人力资源合理配置的基本手段，在引导人力资源向合理的方向运动、实现组织目标的最大化中起着十分重要的作用。

通常情况下，人力资源部将各部门考勤信息核对、汇总后，统一编制"月考勤表"，作为财务部发放工资和员工核发工资的依据。在考勤和薪酬管理方面，通常需要制作动态分析图表，以便管理者一目了然，全面掌控公司员工的工作和薪酬状况，对照公司经营现状，加以分析并做出决策。

10.1　获取数据

本例从 Excel 工作簿获取原始考勤数据，通过 Power Query 编辑器清理数据，手动输入添加一些辅助数据表，并编辑表之间的关系，得到报表数据。

10.1.1　导入 Excel 工作簿数据

导入 Excel 工作簿数据

（1）启动 Power BI Desktop，新建一个报表，另存为"考勤与薪酬分析.pbix"。

（2）单击"主页"选项卡"数据"组的"Excel 工作簿"按钮，在弹出的"打开"对话框中选择要导入的工作簿，单击"打开"按钮连接数据源。连接成功后，在"导航器"对话框中选中要加载的数据表，如图 10-1 所示。

（3）单击"加载"按钮，即可将选中的数据表加载到 Power BI Desktop 中。展开"字段"窗格，可以看到加载的表；切换到数据视图，可以查看各个表的详细数据。

10.1.2　清理数据

在图 10-1 所示的"导航器"对话框中可以看到，有些数据表格式不规范，需要进行清理才能用于报表。

为便于区分数据表，首先为加载的数据表重命名，指定一个有意义的名称。

（1）在"字段"窗格中双击"人员信息表 4"，重命名为"人员信息表"；将"基础信息（2）"重命名为"工龄工资"；"浮动工资 2"重命名为"浮动工资"。

（2）选中"浮动工资"，单击"主页"选项卡的"转换数据"按钮，打开 Power Query 编辑器。选中最后一列"合计"，右击，从弹出的快捷菜单中选择"删除"命令，删除这一列。

（3）选中"考勤簿"，可以看到该查询中包含空行、标题行位置不对且多列信息多余，如图 10-2 所示。

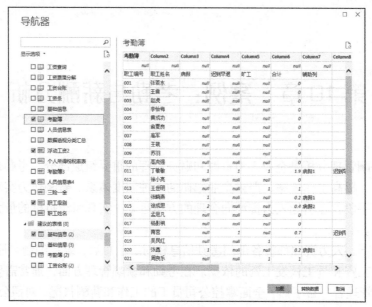

图 10-1　"导航器"对话框

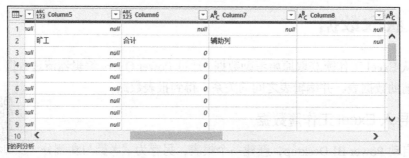

图 10-2　"考勤簿"原始数据

（4）在"主页"选项卡单击两次"将第一行用作标题"按钮，提升标题。按住 Ctrl 键单击选中"旷工"列右侧的所有列，然后单击"主页"选项卡的"删除列"按钮，删除选中的所有列，如图 10-3 所示。

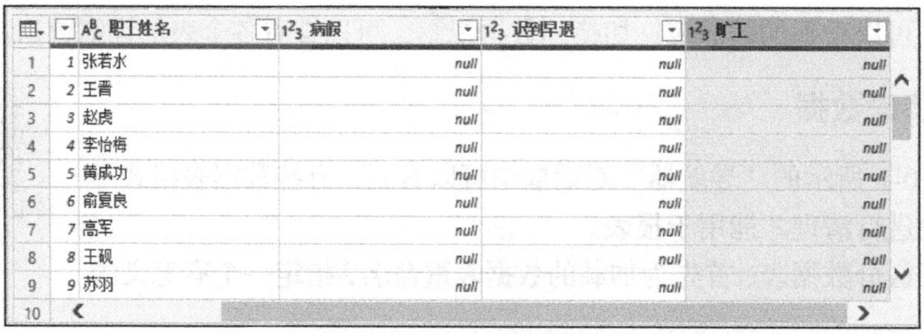

图 10-3　提升标题并删除列

（5）单击"主页"选项卡"关闭"组的"关闭并应用"按钮，关闭 Power Query 编辑器，并应用更新。

10.1.3　管理关系

数据处理完成后，就可开始搭建模型了。搭建模型首要的一步就是建

管理关系

立数据表之间的关系。

（1）切换到关系视图，可以看到 Power BI Desktop 已自动在表之间创建了关系，但有些关系的匹配列不合适。例如，"浮动工资"与"人员信息表"之间使用"职工姓名"进行匹配，如图 10-4 所示。

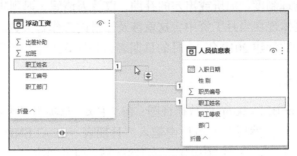

图 10-4 自动创建的关系

如果这家公司有同名的员工，在交叉筛选时就可能会出错，所以要修改匹配列。

（2）双击两个表之间的关系线，打开"编辑关系"对话框。单击"人员信息表"的"职员编号"列，然后单击"浮动工资"的"职工编号"列，如图 10-5 所示。

图 10-5 编辑关系

（3）单击"确定"按钮，即可修改两个表之间的匹配列，如图 10-6 所示。

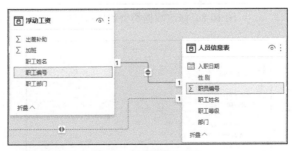

图 10-6 修改匹配列

（4）右击"考勤簿"和"人员信息表"之间的虚线关系线，从弹出的快捷菜单中选择

"删除"命令，删除不可用的关系。

10.2　制作日期表

根据该公司的管理制度，加班或出差的补助，以及因请假、迟到/早退或旷工导致的扣款，均会根据日工资体现在当月工资中，这就涉及当月的工作日天数。

本节利用日历函数创建 2019 年 12 月的日期表，并计算工作日天数。

10.2.1　新建日期表

（1）切换到 Power BI Desktop 的数据视图，在"主页"选项卡"计算"组单击"新建表"按钮。然后在编辑栏中输入"日期表 = CALENDAR ("December 1 2019","December 31 2019")"，按 Enter 键，即可创建 2019 年 12 月的日期表，如图 10-7 所示。

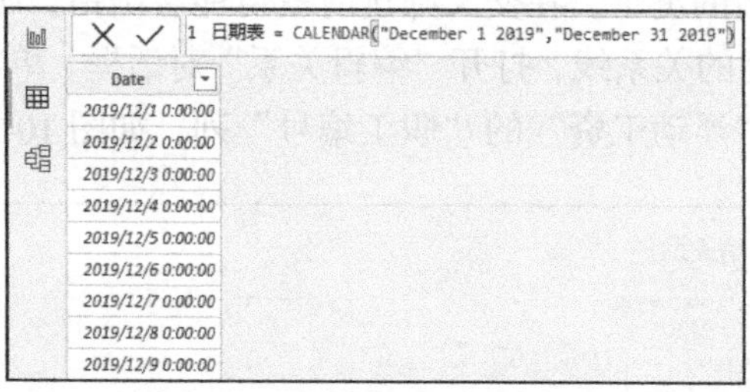

新建日期表

图 10-7　创建日期表

函数 CALENDAR 的语法如下：

```
CALENDAR(<start_date>, <end_date>)
```

其中的两个参数是可以返回日期/时间值的 DAX。返回一个表，包含一组从指定的开始日期到指定的结束日期（这两个日期包含在内）的连续日期，列标题为"Date"。

（2）选中列"Date"，在"列工具"选项卡的"结构"组，将数据类型修改为"日期"，然后在"格式"下拉列表框中选择需要的显示格式，如图 10-8 所示。修改数据类型和格式后的列数据如图 10-9 所示。

图 10-8　修改数据类型和显示格式

图 10-9　修改数据类型和格式后的列数据

10.2.2 计算工作日

计算工作日

创建日期表之后，接下来要判断哪些日期是工作日，以及工作日天数。

（1）单击"列工具"选项卡"计算"组的"新建列"按钮，在编辑栏中输入表达式"星期序号 = WEEKDAY('日期表'[日期])−1"，按 Enter 键，即可新建"星期序号"列，显示每个日期对应星期几，如图 10-10 所示。

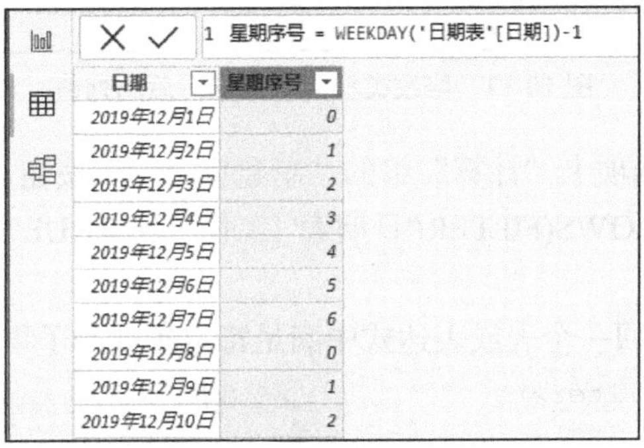

图 10-10　新建"星期序号"列

WEEKDAY 函数的语法如下：

```
WEEKDAY(<DATE>,[<RETURN_TYPE>])
```

返回用于标识日期是星期几的 1（星期日）到 7（星期六）之间的数字。本例为了方便查看，在返回值中减去 1，则返回值 0 对应星期日，1~6 对应星期一到星期六。

（2）单击"新建列"按钮，在编辑栏中输入表达式"工作日 = NOT WEEKDAY('日期表'[日期]) IN {1,7}"，按 Enter 键，即可新建"工作日"列，使用逻辑值显示每个日期是否为工作日，如图 10-11 所示。

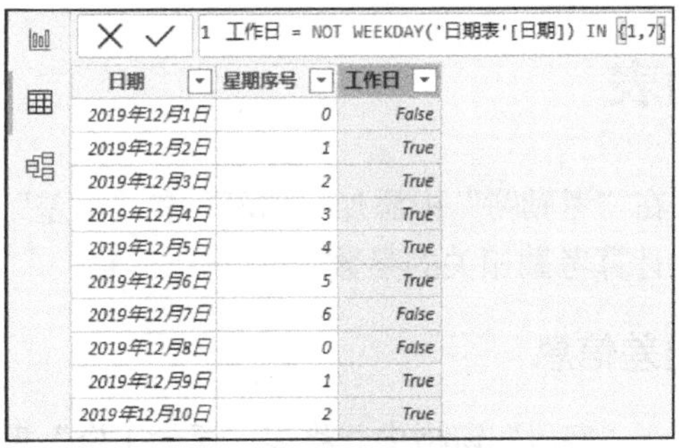

图 10-11　判断是否为工作日

其中，False 表示对应日期为非工作日，True 表示为工作日。

（3）选中"工作日"列，在"列工具"选项卡"结构"组，将数据类型转换为"文本"类型，如图 10-12 所示。此时的列值效果如图 10-13 所示。

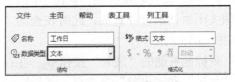

图 10-12　修改数据类型

图 10-13   修改类型为"文本"后的列值

（4）单击"主页"选项卡"计算"组的"新建度量值"按钮，在编辑栏中输入表达式"工作日天数 = COUNTROWS(FILTER('日期表',[工作日]="TRUE"))"，按 Enter 键新建度量值计算工作日天数。

FILTER 函数用于返回一个表或表达式中满足特定条件的子集，语法如下：

```
FILTER(<table>,<filter>)
```

参数<table>是要筛选的表或生成表的表达式；<filter>是为表的每一行计算的布尔表达式。

注意：FILTER 函数不可单独使用，而是用作参数嵌入需要表的其他函数中。

COUNTROWS 函数对指定表或表达式定义的表中的行数目进行计数，常用于计算通过筛选表或者将上下文应用于表而得出的行数。语法如下：

```
COUNTROWS([<table>])
```

参数<table>是要计数的行所在表的名称，或会返回表的表达式。如果没有指定，则默认为当前表达式（指函数 COUNTROWS 所在的表达式）的主表。返回值是一个整数，如果存在行，但没有一行符合指定的条件，则返回 0。

10.3   制作考勤表

本节通过合并查询，在"考勤簿"中添加"加班"和"出差"的考勤信息，然后创建度量值，计算考勤相关的参数。

合并加班和出差信息

10.3.1   合并加班和出差信息

（1）为便于区分表，在"字段"窗格中，将表"浮动工资"重命名为"加班出差"。

（2）选中表"考勤簿"，在"主页"选项卡单击"转换数据"按钮，打开 Power Query 编辑器。在"主页"选项卡"组合"组单击"合并查询"按钮，打开"合并"对话框。

（3）在表"考勤簿"中单击"职工编号"列，在下拉列表框中选择要合并的表"加班出差"，然后单击"职工编号"列，设置联接种类，如图 10-14 所示。

（4）单击"确定"按钮关闭对话框合并查询，此时在查询"考勤簿"中可以看到新添加了一列"加班出差"，如图 10-15 所示。

（5）单击"加班出差"列标题右侧的"展开"按钮 ，在打开的面板中取消选中"选择所有列"复选框，选中"加班"和"出差"复选框，然后取消选中"使用原始列名作为前缀"复选框,如图 10-16 所示。

图 10-14　"合并"对话框

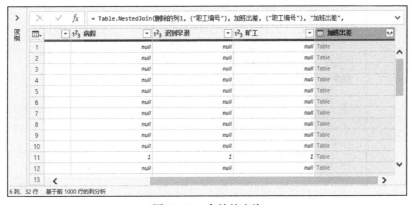

图 10-15　合并的查询

图 10-16　选择要展开的列

(6)单击"确定"按钮,即可展开指定的两列数据,如图 10-17 所示。

图 10-17   展开数据

在后续步骤中分析考勤信息时，可能还要用到员工所属的部门和性别信息，接下来通过合并查询在考勤簿中添加"部门"和"性别"列。

（7）在"主页"选项卡"组合"组单击"合并查询"按钮，打开"合并"对话框。在表"考勤簿"中单击"职工编号"列，在下拉列表框中选择要合并的表"人员信息表"，然后单击"职员编号"列，并设置联接种类，如图 10-18 所示。

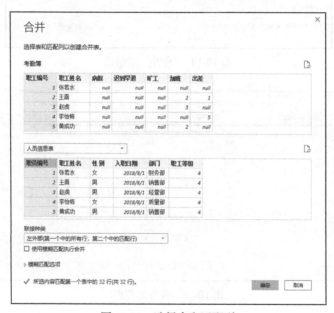

图 10-18   选择表和匹配列

（8）单击"确定"按钮关闭对话框，即可看到当前查询中添加了名为"人员信息表"的列，如图 10-19 所示。

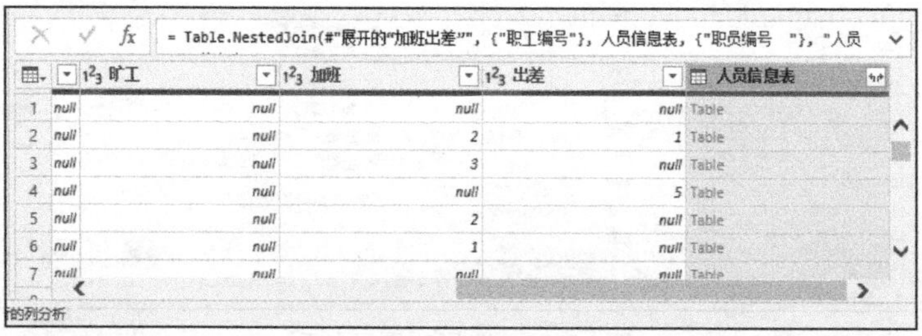

图 10-19   合并后的查询

（9）单击"人员信息表"列标题右侧的"展开"按钮，在打开的面板中取消选中"选择所有列"复选框，选中"性别"和"部门"复选框，然后取消选中"使用原始列名作为前缀"复选框，如图 10-20 所示。

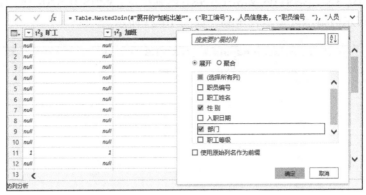

图 10-20 选择要展开的列

（10）单击"确定"按钮，即可在当前查询中看到展开的两列数据，如图 10-21 所示。

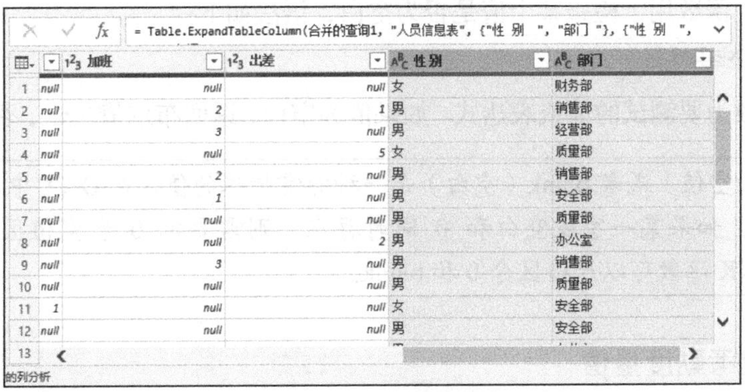

图 10-21 展开的数据

（11）在"主页"选项卡单击"关闭并应用"按钮，关闭 Power Query 编辑器并应用更改。

10.3.2 判断是否全勤

本节新建一列，用于判断员工当月是否全勤。

（1）在 Power BI Desktop 数据视图中选中表"考勤簿"，可以看到该表已添加了"加班"和"出差"列数据，如图 10-22 所示。

判断是否全勤

图 10-22 合并后的表

本例中，如果没有病假、迟到早退或旷工，则对应的单元格值为 null，否则显示次数。

（2）在"表工具"选项卡"计算"列单击"新建列"按钮，然后在编辑栏中输入表达式"全勤 = ISBLANK([病假])&&ISBLANK([迟到早退])&&ISBLANK([旷工])"，按 Enter 键，即可利用布尔值指示员工是否全勤，如图 10-23 所示。

图 10-23　新建列

ISBLANK 函数用于检查某个值是否为空白，语法如下：

```
ISBLANK(<value>)
```

其中，参数为要测试的值或表达式。如果值为空白，返回布尔值 True，否则返回 False。

注意：null 值（空值）或者 blank（空白）是一种非常特殊的值，在 DAX 中，blank 和 0 是相等的。如果某一字段空白和 0 同时存在，则需要把 0 和空值区分后再计算。ISBLANK 函数可以严格区分 0 和 blank。

10.3.3　创建考勤度量值

（1）计算员工数量。在"表工具"选项卡"计算"列单击"新建度量值"按钮，然后在编辑栏中输入表达式"员工数量=DISTINCTCOUNT('人员信息表'[职员编号])"，按 Enter 键，即可创建度量值，如图 10-24 所示。

图 10-24　计算员工数量

DISTINCTCOUNT 函数对列中的非重复值数目进行计数，重复的项目算作一个，语法如下：

```
DISTINCTCOUNT ( <列名> )
```

参数<列名>是需要计算不重复值的列，且必须是数据模型中的物理列。返回值为一个整数值，如果没有找到需要计数的行，则返回空。

提示：DISTINCTCOUNT 函数计数时包括空值，如果计数时希望跳过空值，可以使用 DISTINCTCOUNTNOBLANK 函数。

（2）新建度量值计算全勤人数。单击"新建度量值"按钮，然后在编辑栏中输入表达式"全勤人数 = COUNTROWS(FILTER('考勤簿',[全勤]=TRUE))"，按 Enter 键，即可创建

度量值，如图 10-25 所示。

> 1 全勤人数 = COUNTROWS(FILTER('考勤簿',[全勤]=TRUE))

图 10-25　计算全勤人数

（3）计算全勤率。单击"新建度量值"按钮，然后在编辑栏中输入表达式"全勤率 = DIVIDE([全勤人数],[员工数量])"，按 Enter 键，即可创建度量值，如图 10-26 所示。

> 1 全勤率 = DIVIDE([全勤人数],[员工数量])

图 10-26　计算全勤率

DIVIDE 函数执行安全除法运算，语法如下：

```
DIVIDE(<分子>, <分母> [,<报错出现的值>])
```

如果出现除法错误（例如被 0 除）时返回特定的值；如果没有指定报错出现的值，则返回 BLANK()，而非直接报错。

（4）计算病假人数。单击"新建度量值"按钮，然后在编辑栏中输入表达式"病假人数 = COUNTROWS(FILTER('考勤簿',ISBLANK([病假])= FALSE()))"，按 Enter 键，即可创建度量值，如图 10-27 所示。

> 1 病假人数 = COUNTROWS(FILTER('考勤簿',ISBLANK([病假])= FALSE()))

图 10-27　计算病假人数

（5）计算迟到早退人数。单击"新建度量值"按钮，然后在编辑栏中输入表达式"迟到早退人数 = COUNTROWS(FILTER('考勤簿',ISBLANK([迟到早退])= FALSE()))"，按 Enter 键，即可创建度量值，如图 10-28 所示。

> 1 迟到早退人数 = COUNTROWS(FILTER('考勤簿',ISBLANK([迟到早退])= FALSE()))

图 10-28　计算迟到早退人数

（6）计算旷工人数。单击"新建度量值"按钮，然后在编辑栏中输入表达式"旷工人数 = COUNTROWS(FILTER('考勤簿',ISBLANK([旷工])= FALSE()))"，按 Enter 键，即可创建度量值，如图 10-29 所示。

> 1 旷工人数 = COUNTROWS(FILTER('考勤簿',ISBLANK([旷工])= FALSE()))

图 10-29　计算旷工人数

10.4　创建工资表

本节通过将多个查询合并为新查询创建工资表，并计算各项工资金额。

10.4.1　计算基本工资

本例中，员工的基本工资由职工等级确定，因此可以通过合并查询导入基本工资和车补、通信费等款项。

计算基本工资

（1）在数据视图中选中"人员信息表"，单击"转换数据"按钮，启动 Power Query 编辑器。单击"主页"选项卡中的"合并查询"下拉按钮，在弹出的下拉菜单中选择"将查询合并为新查询"命令，打开"合并"对话框。

（2）单击"人员信息表"的"职工等级"列，在下拉列表框中选择要合并的查询"职工级别"，然后单击"职工等级"列，并设置联接种类为"左外部"，如图 10-30 所示。

图 10-30　选择表和匹配列

（3）单击"确定"按钮关闭对话框，即可创建一个名为"合并 1"的新查询，显示合并后的列"职工级别"，如图 10-31 所示。

图 10-31　合并为新查询

（4）单击"职工级别"列标题右侧的"展开"按钮，在打开的面板中取消选中"选择所有列"复选框，选中"职位""基本工资"和"车补、通信费"复选框，然后取消选中"使用原始列名作为前缀"复选框，如图 10-32 所示。

图 10-32　选择要展开的列

（5）单击“确定”按钮，即可展开相应的列数据，如图 10-33 所示。

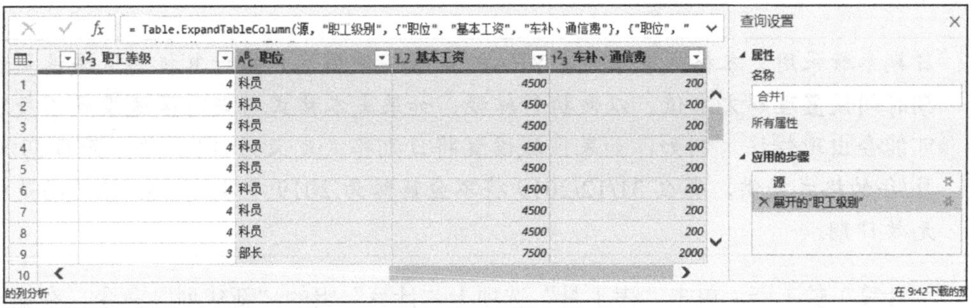

	职工等级	职位	基本工资	车补、通信费
1	4	科员	4500	200
2	4	科员	4500	200
3	4	科员	4500	200
4	4	科员	4500	200
5	4	科员	4500	200
6	4	科员	4500	200
7	4	科员	4500	200
8	4	科员	4500	200
9	3	部长	7500	2000
10				

图 10-33 展开列数据

（6）将合并的新查询重命名为“工资表”，然后在“主页”选项卡单击“关闭并应用”按钮，关闭 Power Query 编辑器并应用更改。“工资表”在数据视图中的显示效果如图 10-34 所示。

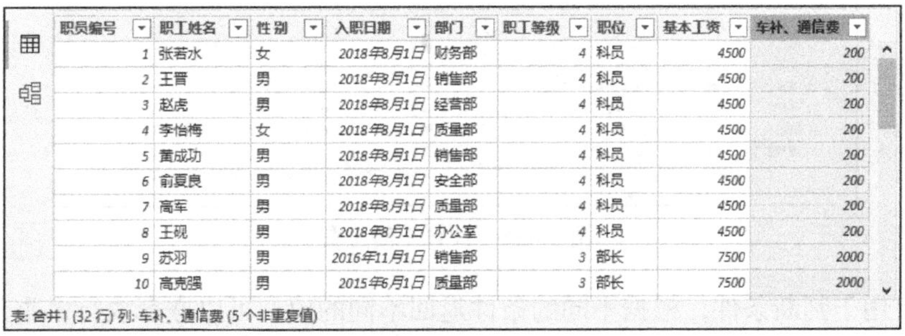

职员编号	职工姓名	性别	入职日期	部门	职工等级	职位	基本工资	车补、通信费
1	张若水	女	2018年8月1日	财务部	4	科员	4500	200
2	王晋	男	2018年8月1日	销售部	4	科员	4500	200
3	赵虎	男	2018年8月1日	经营部	4	科员	4500	200
4	李怡梅	女	2018年8月1日	质量部	4	科员	4500	200
5	黄成功	男	2018年8月1日	销售部	4	科员	4500	200
6	俞夏良	男	2018年8月1日	安全部	4	科员	4500	200
7	高军	男	2018年8月1日	质量部	4	科员	4500	200
8	王砚	男	2018年8月1日	办公室	4	科员	4500	200
9	苏羽	男	2016年11月1日	销售部	3	部长	7500	2000
10	高克强	男	2015年6月1日	质量部	3	部长	7500	2000

图 10-34 工资表

10.4.2 计算工龄工资

计算工龄工资

在本例中，职工的工龄工资根据工作年限划分为多个等级，因此，要计算工龄工资，应先计算工龄。

（1）计算工龄。选中“工资表”，单击“表工具”选项卡“计算”组的“新建列”命令，在编辑栏中输入表达式“工龄 =YEAR("2019/12/31")−YEAR('[入职日期])”，按 Enter 键，得到各位员工的工龄，如图 10-35 所示。

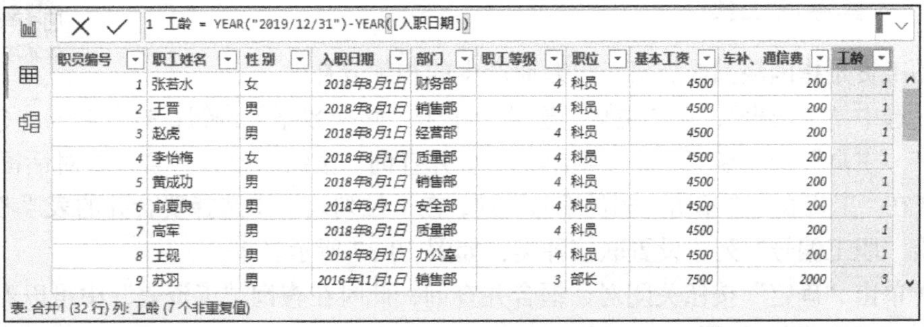

职员编号	职工姓名	性别	入职日期	部门	职工等级	职位	基本工资	车补、通信费	工龄
1	张若水	女	2018年8月1日	财务部	4	科员	4500	200	1
2	王晋	男	2018年8月1日	销售部	4	科员	4500	200	1
3	赵虎	男	2018年8月1日	经营部	4	科员	4500	200	1
4	李怡梅	女	2018年8月1日	质量部	4	科员	4500	200	1
5	黄成功	男	2018年8月1日	销售部	4	科员	4500	200	1
6	俞夏良	男	2018年8月1日	安全部	4	科员	4500	200	1
7	高军	男	2018年8月1日	质量部	4	科员	4500	200	1
8	王砚	男	2018年8月1日	办公室	4	科员	4500	200	1
9	苏羽	男	2016年11月1日	销售部	3	部长	7500	2000	3

图 10-35 计算工龄

函数 YEAR 返回指定日期的年份，结果是 1900 ~ 9999 的一个 4 位整数，语法如下：

```
YEAR(<date>)
```

其中的日期参数可以是日期/时间或文本格式的日期（如 December 31, 2019），包含要查找的年份。

注意：日期参数采用文本格式表示时，YEAR 函数将使用客户端计算机的区域设置和日期时间设置理解文本值，以便执行转换。如果文本格式与当前区域设置不兼容，可能会出现错误。例如，如果区域设置将日期格式定义为月/日/年，而日期以日/月/年的格式提供，那么 31/12/2019 将不会解释为 2019 年 12 月 31 日，而是视为无效日期。

（2）计算工龄工资。单击“表工具”选项卡“计算”组的“新建列”命令，在编辑栏中输入表达式“工龄工资 = IF([工龄]<10,[工龄]*50,IF([工龄]<20,[工龄]*200,[工龄]*300))”，按 Enter 键，得到各位员工的工龄工资，如图 10-36 所示。

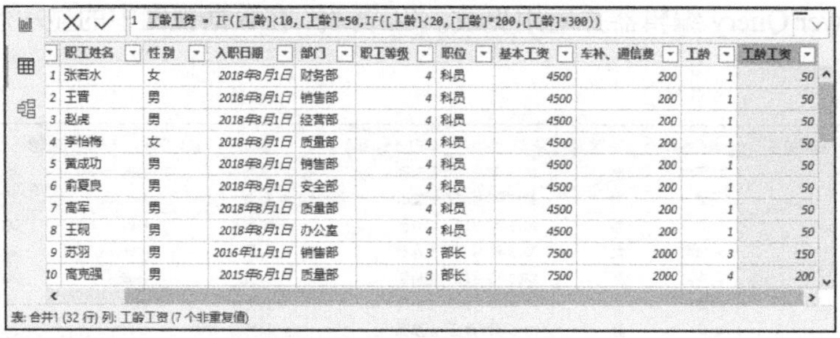

1 工龄工资 = IF([工龄]<10,[工龄]*50,IF([工龄]<20,[工龄]*200,[工龄]*300))

	职工姓名	性别	入职日期	部门	职工等级	职位	基本工资	车补、通信费	工龄	工龄工资
1	张若水	女	2018年8月1日	财务部	4	科员	4500	200	1	50
2	王晋	男	2018年8月1日	销售部	4	科员	4500	200	1	50
3	赵虎	男	2018年8月1日	经营部	4	科员	4500	200	1	50
4	李怡梅	女	2018年8月1日	质量部	4	科员	4500	200	1	50
5	黄成功	男	2018年8月1日	销售部	4	科员	4500	200	1	50
6	俞夏良	男	2018年8月1日	安全部	4	科员	4500	200	1	50
7	高军	男	2018年8月1日	质量部	4	科员	4500	200	1	50
8	王砚	男	2018年8月1日	办公室	4	科员	4500	200	1	50
9	苏羽	男	2016年11月1日	销售部	3	部长	7500	2000	3	150
10	高亮强	男	2015年6月1日	质量部	3	部长	7500	2000	4	200

表: 合并1 (32 行) 列: 工龄工资 (7 个非重复值)

图 10-36 计算工龄工资

IF 函数用于判断条件，根据不同的条件返回不同的值，可以嵌套执行多重判断。如果条件为 TRUE，则返回第一个值，否则返回第二个值。语法如下：

```
IF(<logical_test>, <value_if_true>[, <value_if_false>])
```

其中，第一个参数<logical_test>是计算结果为布尔值的值或条件表达式，如果结果为 TRUE，则返回第二个参数，否则返回第三个参数。如果没有提供第三个参数，则返回 BLANK。

因此，本例输入的表达式表示：如果工作年限小于 10 年，工龄工资为 50×工龄；大于或等于 10 年，且小于 20 年，工龄工资为 200×工龄；如果工龄大于或等于 20 年，则工龄工资为 300×工龄。

计算浮动工资

10.4.3 计算浮动工资

浮动工资是指因缺勤或加班、出差而产生的扣款或补助。

（1）选中“工资表”，在“主页”选项卡单击“转换数据”按钮，打开 Power Query 编辑器。在“主页”选项卡“组合”组单击“合并查询”按钮，打开“合并”对话框。

（2）在“工资表”中单击“职员编号”列，在下拉列表框中选择要合并的表“考勤簿”，然后单击“职工编号”列，设置联接种类，如图 10-37 所示。

（3）单击“确定”按钮关闭对话框合并查询，此时在查询“工资表”中可以看到新添加了一列“考勤簿”，如图 10-38 所示。

（4）单击“考勤簿”列标题右侧的“展开”按钮，在打开的面板中取消选中“选择所有列”复选框，选中“病假”“迟到早退”“旷工”“加班”和“出差”复选框，然后取消选中“使用原始列名作为前缀”复选框，如图 10-39 所示。

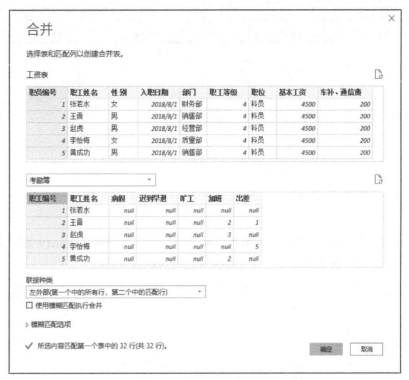

图 10-37 选择表和匹配列

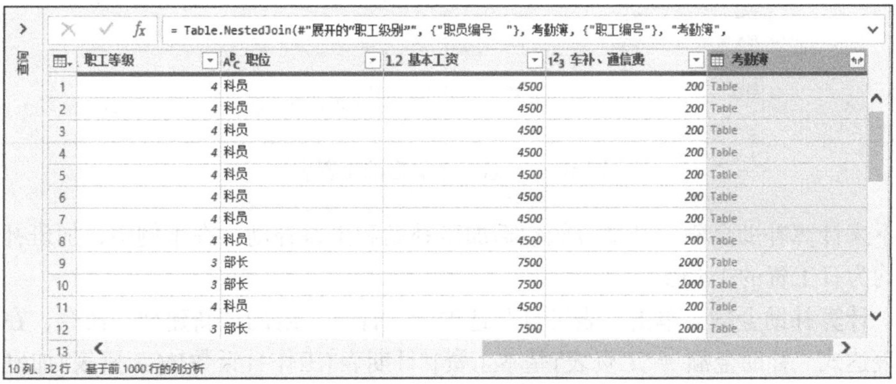

图 10-38 合并的查询

图 10-39 选择要展开的列

（5）单击"确定"按钮，即可在当前查询中展开指定的数据列，如图 10-40 所示。

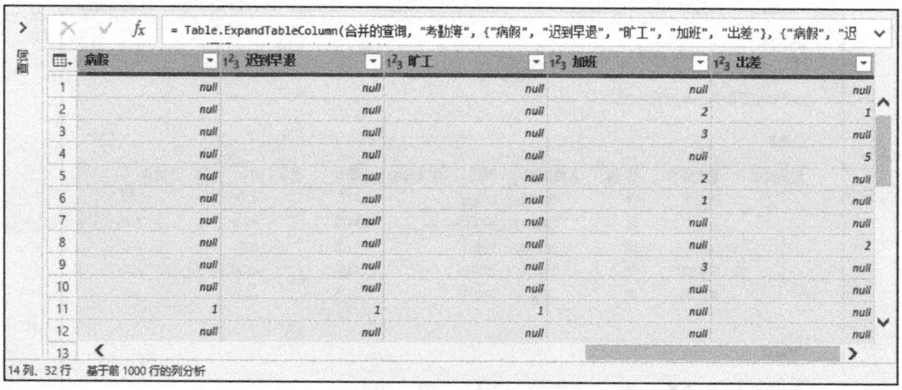

图 10-40　展开的数据列

（6）在"主页"选项卡单击"关闭并应用"按钮，关闭 Power Query 编辑器并应用更改。此时，"工资表"在数据视图中的显示效果如图 10-41 所示。

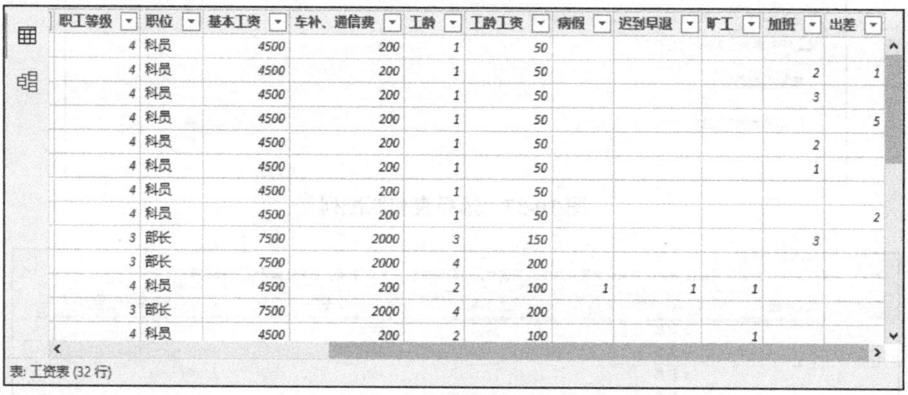

图 10-41　合并数据后的工资表

接下来计算补助金额。补助金额包括加班补助和出差补助。在本例中，加班补助和出差补助均为日工资的 1.5 倍。

（7）计算补助金额。单击"表工具"选项卡"计算"组的"新建列"命令，在编辑栏中输入表达式"补助金额 = '工资表'[基本工资]/'日期表'[工作日天数]*('工资表'[加班]+'工资表'[出差])*1.5"，按 Enter 键，得到各位员工的补助金额，如图 10-42 所示。

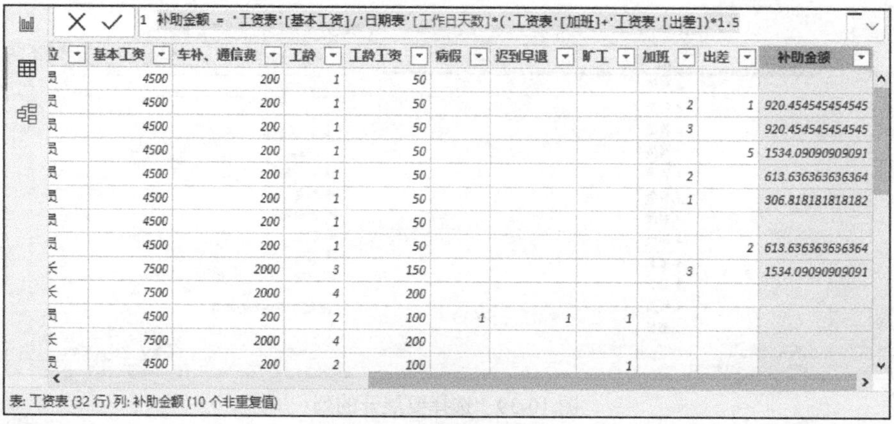

图 10-42　计算补助金额

（8）修改数据格式。选中"补助金额"列，在"列工具"选项卡的"格式化"组单击"更改小数位数"按钮，然后设置小数位数为2，如图10-43所示。

图 10-43　设置小数位数

接下来计算扣减金额。扣减金额是指因缺勤而产生的工资扣款。在本例中，病假、迟到早退和旷工分别扣减日工资的20%、70%和100%。

（9）计算扣减金额。单击"表工具"选项卡"计算"组的"新建列"命令，在编辑栏中输入表达式"扣减金额 = '工资表'[基本工资]/'日期表'[工作日天数]*('工资表'[病假]*0.2+'工资表'[迟到早退]*0.7+'工资表'[旷工])"，按 Enter 键。然后在"列工具"选项卡的"格式化"组设置小数位数为2，结果如图10-44所示。

图 10-44　计算扣减金额

10.4.4　计算保险扣款

假设某城市的五险一金个人扣缴的比例如图10-45所示。保险扣款应在工资总额的基础上进行计算。

（1）计算工资总额。单击"表工具"选项卡"计算"组的"新建度量值"按钮，在编辑栏中输入表达式"工资总额 =

计算保险扣款

类别	单位扣缴	个人扣缴
养老保险	21.00%	8.00%
医疗保险	9.00%	2.00%
失业保险	2.00%	1.00%
工伤保险	0.50%	0.00%
生育保险	1.00%	0.00%
住房公积金	12.00%	12.00%

图 10-45　保险扣缴比例

SUMX('工资表','工资表'[基本工资]+'工资表'[车补、通信费]+'工资表'[工龄工资]+'工资表'[补助金额]−'工资表'[扣减金额])”，按 Enter 键，得到每位员工的工资总额，如图 10-46 所示。

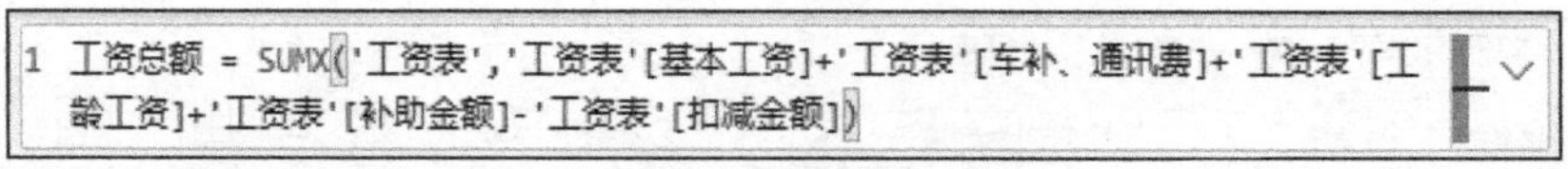

图 10-46　计算工资总额

与列级别聚合函数 SUM 不同，SUMX 函数逐行计算指定表中每一行的表达式的和。语法如下：

```
SUMX(<table>, <expression>)
```

其中，第一个参数指定进行行表达式计算的表，第二个参数是包含要计算总和的数字的列，或计算结果为列的表达式。计算时，仅对指定列中的数值进行计算，空白、逻辑值和文本会被忽略。

（2）计算应发工资。单击“表工具”选项卡“计算”组的“新建列”按钮，在编辑栏中输入表达式“应发工资 ='工资表'[工资总额]”，按 Enter 键，如图 10-47 所示。

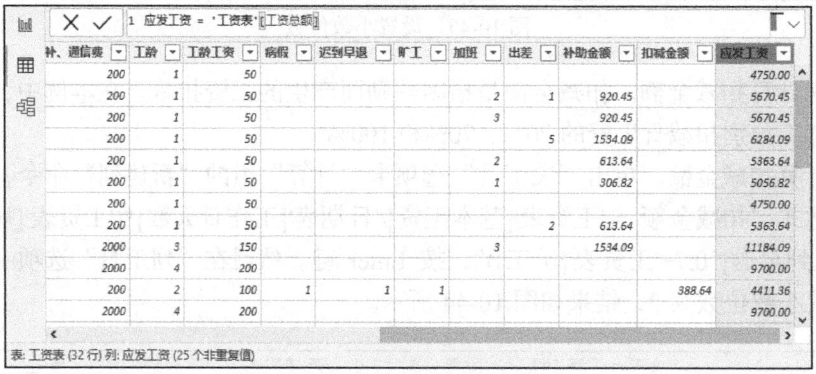

补、通信费	工龄	工龄工资	病假	迟到早退	旷工	加班	出差	补助金额	扣减金额	应发工资
200	1	50								4750.00
200	1	50				2	1	920.45		5670.45
200	1	50				3		920.45		5670.45
200	1	50					5	1534.09		6284.09
200	1	50				2		613.64		5363.64
200	1	50				1		306.82		5056.82
200	1	50								4750.00
200	1	50					2	613.64		5363.64
2000	3	150				3		1534.09		11184.09
2000	4	200								9700.00
200	2	100	1	1	1				388.64	4411.36
2000	4	200								9700.00

图 10-47　计算应发工资

接下来新建列分别计算各项保险应扣款。

（3）计算养老保险扣款。单击“表工具”选项卡“计算”组的“新建列”按钮，在编辑栏中输入表达式“养老保险 = '工资表'[工资总额]*0.08”，按 Enter 键，新建一列，显示各位员工的养老保险应扣缴金额，如图 10-48 所示。

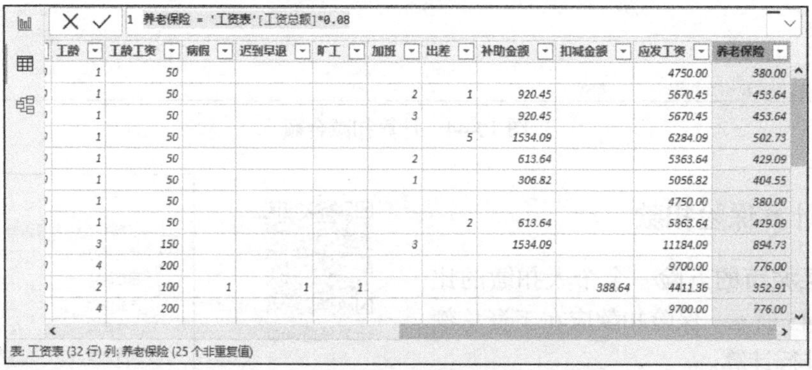

工龄	工龄工资	病假	迟到早退	旷工	加班	出差	补助金额	扣减金额	应发工资	养老保险
1	50								4750.00	380.00
1	50				2	1	920.45		5670.45	453.64
1	50				3		920.45		5670.45	453.64
1	50					5	1534.09		6284.09	502.73
1	50				2		613.64		5363.64	429.09
1	50				1		306.82		5056.82	404.55
1	50								4750.00	380.00
1	50					2	613.64		5363.64	429.09
3	150				3		1534.09		11184.09	894.73
4	200								9700.00	776.00
2	100	1	1	1				388.64	4411.36	352.91
4	200								9700.00	776.00

图 10-48　计算养老保险扣缴金额

（4）按照第（3）步同样的方法新建列，分别输入以下表达式计算医疗保险、失业保险、工伤保险、生育保险和住房公积金的扣缴金额。

医疗保险 ='工资表'[工资总额]*0.02

失业保险 ='工资表'[工资总额]*0.01

工伤保险 =0

生育保险 =0

住房公积金 ='工资表'[工资总额]*0.12

此时的数据表如图 10-49 所示。

1 住房公积金 = '工资表'[工资总额]*0.12

	补助金额	扣减金额	应发工资	养老保险	医疗保险	失业保险	工伤保险	生育保险	住房公积金
			4750.00	380.00	95.00	47.50	0	0	570.00
1	920.45		5670.45	453.64	113.41	56.70	0	0	680.45
	920.45		5670.45	453.64	113.41	56.70	0	0	680.45
5	1534.09		6284.09	502.73	125.68	62.84	0	0	754.09
	613.64		5363.64	429.09	107.27	53.64	0	0	643.64
	306.82		5056.82	404.55	101.14	50.57	0	0	606.82
			4750.00	380.00	95.00	47.50	0	0	570.00
2	613.64		5363.64	429.09	107.27	53.64	0	0	643.64
	1534.09		11184.09	894.73	223.68	111.84	0	0	1342.09
			9700.00	776.00	194.00	97.00	0	0	1164.00
		388.64	4411.36	352.91	88.23	44.11	0	0	529.36
			9700.00	776.00	194.00	97.00	0	0	1164.00

表: 工资表 (32 行) 列: 住房公积金 (25 个非重复值)

图 10-49 计算各项保险扣缴金额

（5）计算保险应扣款。单击“表工具”选项卡“计算”组的“新建度量值”按钮，在编辑栏中输入表达式“保险扣款 =SUMX('工资表',[养老保险]+[医疗保险]+[失业保险]+[住房公积金])”，按 Enter 键，计算每位员工的保险应扣缴金额总计，如图 10-50 所示。

```
1 保险扣款 = SUMX('工资表',[养老保险]+[医疗保险]+[失业保险]+[住房公积金])
```

图 10-50 计算保险应扣缴金额总计

计算完工资的各个组成部分之后，接下来就可以新建列，计算各位员工的实发工资。

（6）单击“表工具”选项卡“计算”组的“新建列”按钮，在编辑栏中输入表达式“实发工资 =[工资总额]–[保险扣款]”，按 Enter 键，得到每位员工的实发工资，如图 10-51 所示。

1 实发工资 = [工资总额]-[保险扣款]

	扣减金额	应发工资	养老保险	医疗保险	失业保险	工伤保险	生育保险	住房公积金	实发工资
		4750.00	380.00	95.00	47.50	0	0	570.00	3657.50
20.45		5670.45	453.64	113.41	56.70	0	0	680.45	4366.25
20.45		5670.45	453.64	113.41	56.70	0	0	680.45	4366.25
34.09		6284.09	502.73	125.68	62.84	0	0	754.09	4838.75
13.64		5363.64	429.09	107.27	53.64	0	0	643.64	4130.00
06.82		5056.82	404.55	101.14	50.57	0	0	606.82	3893.75
		4750.00	380.00	95.00	47.50	0	0	570.00	3657.50
13.64		5363.64	429.09	107.27	53.64	0	0	643.64	4130.00
34.09		11184.09	894.73	223.68	111.84	0	0	1342.09	8611.75
		9700.00	776.00	194.00	97.00	0	0	1164.00	7469.00
	388.64	4411.36	352.91	88.23	44.11	0	0	529.36	3396.75
		9700.00	776.00	194.00	97.00	0	0	1164.00	7469.00

表: 工资表 (32 行) 列: 实发工资 (25 个非重复值)

图 10-51 计算实发工资

至此，工资表制作完成。

10.5　制作考勤分析报表页

利用整理好数据的考勤簿，可以制作可视化分析报表，很直观地查看公司当月的出勤情况，比较各个部门的出勤率。

10.5.1　展示考勤参数

首先展示整个公司当月的员工数量、全勤人数、病假人数、迟到早退人数以及旷工人数。利用卡片图，可以一目了然地呈现这些数据。

展示考勤参数

（1）切换到报表视图。在"可视化"窗格中单击"卡片图"按钮 123，然后在"字段"窗格中展开"考勤簿"，选中度量值"员工数量"，即可创建一个卡片图，如图 10-52 所示。

（2）在"可视化"窗格中切换到"格式"选项卡，设置类别标签的文本大小为 14 磅，颜色为黑色；设置背景颜色为浅蓝色；单击"边框"选项的开关按钮，显示黑色边框线。调整卡片图的大小，效果如图 10-53 所示。

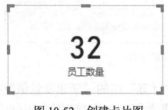

图 10-52　创建卡片图　　　　　　　　图 10-53　格式化的卡片图

（3）复制第（2）步制作的卡片图，制作 4 个副本。然后修改卡片图的字段和背景颜色，分别显示全勤人数、病假人数、迟到早退人数和旷工人数。

（4）按住 Ctrl 键选中所有卡片图，在功能区的"格式"选项卡单击"对齐"下拉按钮，利用"顶端对齐"命令和"横向分布"命令排列卡片图，如图 10-54 所示。

图 10-54　排列卡片图

细心的读者可能会发现，全勤人数与缺勤人数的总和大于员工数量，这是因为缺勤人员中有人同时具有两种或两种以上缺勤情况。

10.5.2　比较各部门出勤率

了解了全公司的出勤情况，接下来利用折线和簇状柱形图比较各个部门的出勤情况。

比较各部门出勤率

（1）取消选中任一视觉对象，在"可视化"窗格中单击"折线和簇状柱形图"按钮，然后在"字段"窗格中将"考勤簿"中的字段分别拖放到"字段"选项卡的相应字段编辑区，如图 10-55 所示。

图 10-55　设置字段位置

（2）调整视觉对象"折线和簇状柱形图"的大小，如图 10-56 所示。

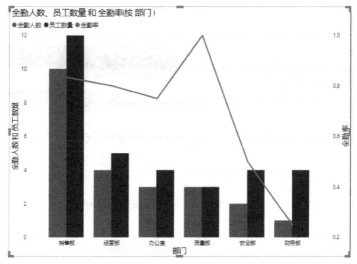

图 10-56 折线和簇状柱形图

从图 10-56 中可以看到，各个部门的员工数量和全勤人数分别用两种不同颜色的柱形表示，质量部无人缺勤，财务部缺勤人数相对较多；橙色的折线标记各个部门的全勤率，质量部最高，财务部最低。

（3）切换到"格式"选项卡，设置图例和坐标轴的文本大小和颜色，不显示坐标轴标题；修改标题文本、大小、颜色、对齐方式和背景颜色；设置绘图区的背景图像和透明度；显示边框。结果如图 10-57 所示。

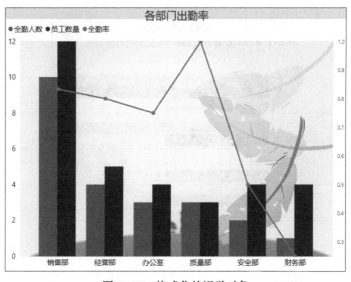

图 10-57 格式化的视觉对象

10.5.3 统计缺勤人数

本小节利用簇状条形图显示各部门的缺勤人数。

（1）取消选中任一视觉对象，在"可视化"窗格中单击"簇状条形图"按钮。然后将"考勤簿"中的字段拖放到"字段"选项卡中相应的字段

统计缺勤人数

编辑框中，如图 10-58 所示，即可基于指定的字段创建一个簇状条形图，如图 10-59 所示。

图 10-58　设置字段位置

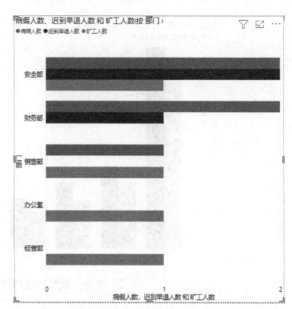

图 10-59　创建的簇状条形图

　　本例中的簇状条形图使用 3 种不同颜色的条形分别显示 3 种缺勤情况，条形的长度反映缺勤的人数，从而可以很直观地查看各个部门的缺勤情况。

　　（2）切换到"格式"选项卡，设置图例和坐标轴的文本大小和颜色，不显示坐标轴标题；修改标题文本、大小、颜色、对齐方式和背景颜色；显示数据标签，字号大小为 10 磅，颜色为黑色；显示边框。结果如图 10-60 所示。

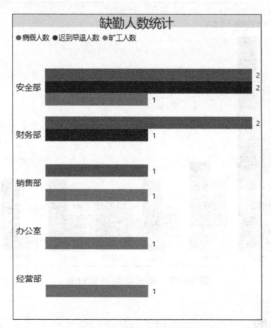

图 10-60　格式化的簇状条形图

　　（3）调整当前报表页中视觉对象的大小和位置，效果如图 10-61 所示。
　　（4）双击报表页名称标签，将当前报表页面重命名为"考勤分析"。

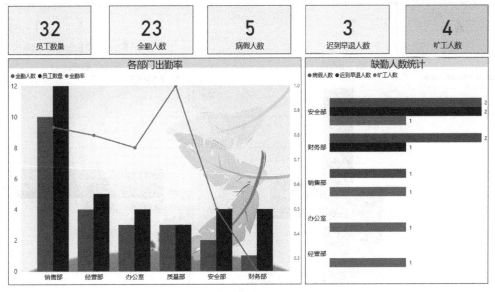

图 10-61 考勤分析可视化图表

10.5.4 筛选考勤信息

制作好了考勤分析报表,就可以利用报表中的视觉对象分析各部门的
考勤信息了。

（1）取消选中报表页上的任一视觉对象,展开"筛选器"窗格。在
"字段"窗格中将"考勤簿"中的字段"部门"拖放到"筛选器"窗格中,添加页面级筛
选器,如图 10-62 所示。

（2）在"部门"筛选器卡上设置筛选类型为"基本筛选",选中"需要单选"复选框,
然后选中要筛选的部门"安全部",如图 10-63 所示。可以看到当前报表页中的所有视觉对
象随之发生相应的变化,显示筛选结果,如图 10-64 所示。

图 10-62 添加筛选器

图 10-63 设置筛选器

从卡片图中可以看到,安全部有 4 名员工,2 人全勤,2 人病假,2 人迟到早退,1 人
旷工,也就是说,有人存在多种缺勤情况。将鼠标指针移到折线和簇状柱形图中的一个数
据点上,可以查看该部门的全勤率。

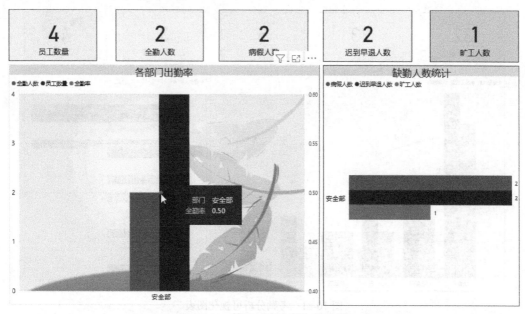

图 10-64　筛选"安全部"的结果

（3）将鼠标指针移到"部门"筛选器卡上，右上角显示功能按钮。单击"清除筛选器"按钮⬙取消筛选。然后选中"经营部"和"销售部"，当前报表页中的所有视觉对象随之发生变化，显示对应的筛选结果，如图 10-65 所示。

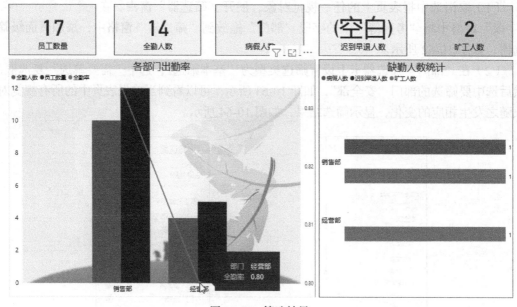

图 10-65　筛选结果

从卡片图中可以看到，这两个部门共有 17 名员工，14 人全勤，1 人病假，0 人迟到早退，2 人旷工。在簇状条形图中可以看到，销售部有 1 人病假，1 人旷工，经营部有 1 人旷工。将鼠标指针移到折线和簇状柱形图中的一个数据点上，可以查看对应部门的全勤率。

接下来添加筛选器，查看全公司旷工的员工所在的部门。

（4）取消选中任一视觉对象，单击"部门"筛选器卡上的"清除筛选器"按钮⬙取消筛选。在"字段"窗格中将"考勤簿"中的"旷工"字段拖放到"筛选器"窗格中，添加筛选器。设置筛选类型为"基本筛选",然后选中"1"复选框,如图 10-66 所示。

图 10-66 设置筛选条件

此时,当前报表页中的所有视觉对象随之变化,显示全公司旷工 1 天的员工数量和所有部门,如图 10-67 所示。

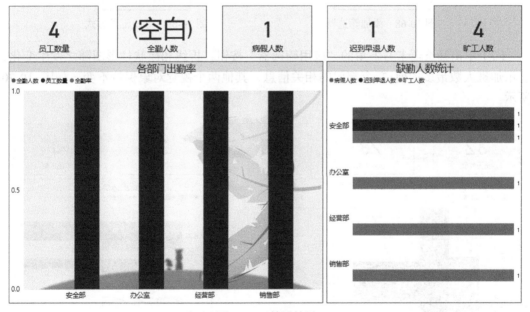

图 10-67 筛选结果

从卡片图可以看到,当月一共有 4 名员工旷工一天,其中还有员工有病假或迟到早退的情况。在簇状柱形图中可以看到,这 4 名旷工的员工分别在安全部、办公室、经营部和销售部。通过簇状条形图可以进一步了解到,安全部旷工 1 天的员工还请了 1 天病假,1 次迟到早退。

接下来,通过为折线和簇状柱形图添加筛选器,展示加班人数最多的前 3 个部门。

(5)取消选中任一视觉对象,单击"部门"筛选器卡上的"清除筛选器"按钮 取消筛选。选中折线和簇状柱形图,展开"筛选器"窗格,添加"加班"筛选器卡。设置"筛选类型"为"前 N 个",显示项为前 3 个,值字段为"加班",如图 10-68 所示。

筛选器默认将值字段求和，按加班天数进行筛选，而本例希望汇总的是加班人数，所以要修改值字段的汇总方式。

（6）单击"按值"下拉列表框，在弹出的下拉列表中选择"计数"，如图 10-69 所示。

图 10-68　添加筛选器

图 10-69　修改汇总方式

（7）单击筛选器卡右下角的"应用筛选器"按钮，折线和簇状柱形图随之发生变化，显示加班人数最多的前 3 个部门的相关信息，其他两个视觉对象保持不变，如图 10-70 所示。

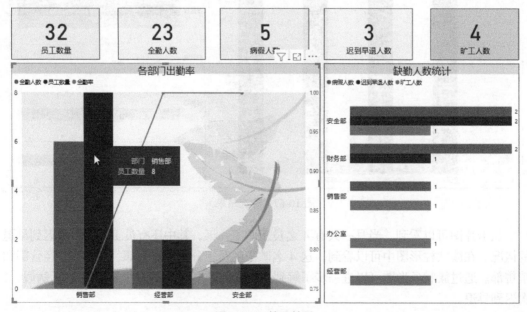
图 10-70　筛选结果

（8）将鼠标指针移到"销售部"的"员工数量"数据系列上，通过弹出的工具提示可以看到销售部有 8 人加班。用同样的方法可以看到经营部有 2 人加班，安全部有 1 人加班。

10.6 人员结构和薪酬分析报表页

本节利用 4 种常见的视觉对象制作一个报表页面，用于分析公司的人员结构、工龄结构、各部门的平均工资，以及员工的工资结构。

10.6.1 制作人员结构图表

制作人员结构图表

通过分析公司的人员结构，可以了解人才梯队的建设情况，辅助人才资源部协调管理和专业两类人才的配比。

图 10-71　设置字段位置

（1）新建一个报表页面，重命名为"人员结构与薪酬分析"。单击"可视化"窗格中的"饼图"按钮，然后展开"字段"窗格，将"工资表"中的字段"职位"和"职员编号"分别拖放到"字段"选项卡的"图例"和"值"字段编辑框中，如图 10-71 所示。

（2）调整基于指定字段生成的饼图大小，如图 10-72 所示。

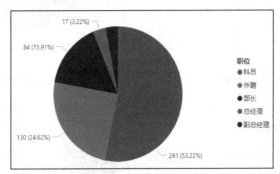

图 10-72　创建的饼图

默认创建的饼图数据标签为某个职位对应的职员编号的总计和占比，没有意义，所以接下来修改值字段的汇总方式。

（3）单击"值"下拉列表框，在弹出的下拉列表中选择汇总方式为"计数"，如图 10-73 所示。

此时，可以看到饼图的数据标签也发生了相应的变化，可以很清楚地看到各个职位的人数和百分比，如图 10-74 所示。

图 10-73　修改值的汇总方式

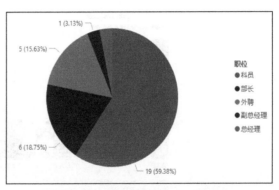

图 10-74　修改值汇总方式后的饼图

（4）在"可视化"窗格中切换到"格式"选项卡，展开"详细信息标签"选项，设置标签样式为"所有详细信息标签"，标签文本颜色为黑色，大小为 12 磅，如图 10-75 所示；关闭图例显示；显示标题，并设置标题文本大小为 18 磅，水平居中，背景颜色为浅绿色；显示边框。结果如图 10-76 所示。

图 10-75　设置详细信息标签

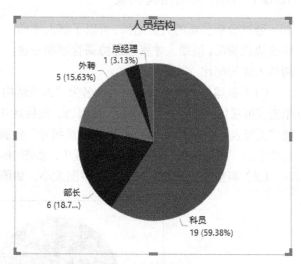

图 10-76　格式化的饼图

10.6.2　工龄结构分析

工龄结构分析

通过分析工龄，可以了解员工的新进和流失情况，提醒人力资源部门及时调整人才吸引和稳定策略。

（1）取消选中任一视觉对象，单击"可视化"窗格中的"丝带图"按钮，然后展开"字段"窗格，将"工资表"中的字段"部门"和"工龄"分别拖放到"字段"选项卡的相应字段编辑框中，然后修改值字段的汇总方式为"计数"，如图 10-77 所示。

（2）调整基于指定字段生成的丝带图大小，如图 10-78 所示。

图 10-77　设置字段位置

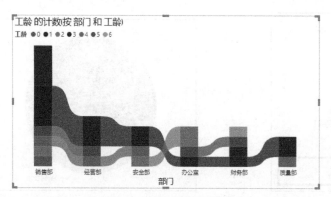

图 10-78　创建的丝带图

（3）在"可视化"窗格中切换到"格式"选项卡，修改图例的文本颜色为黑色，文本大小为 12 磅；设置 X 轴的文本颜色为黑色，文本大小为 12 磅，不显示轴标题；修改标题文本，并设置标题文本大小为 18 磅，水平居中，背景颜色为浅绿色；显示边框。结果如图 10-79 所示。

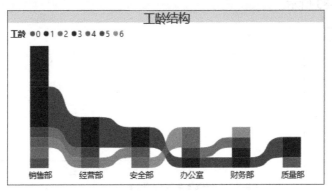

图 10-79　格式化的丝带图

从丝带图中可以看出，人员结构逐渐趋向年轻化，绝大多数的员工工龄为 1 年，且在各部门人数中都占主要位置，表明员工新进率较高。工龄为 2～4 年的员工在各部门的占比都很小，说明人才流失较严重。多个部门的工龄出现了断层，这样不利于新老员工接替，不利于工作和决策的延续性。

10.6.3　比较各部门平均工资

通过分析各部门的工资，可以辅助人力资源部门结合公司的实际经营情况制定合理的薪资制度。

比较各部门平均工资

图 10-80　设置字段位置

（1）取消选中任一视觉对象，单击"可视化"窗格中的"折线和簇状柱形图"按钮 📊，然后展开"字段"窗格，将"工资表"中的字段"部门""实发工资"和"工龄"分别拖放到"字段"选项卡的相应字段编辑框中，然后修改列值和行值字段的汇总方式为"平均值"，如图 10-80 所示。

（2）调整基于指定字段生成的视觉对象的大小，如图 10-81 所示。

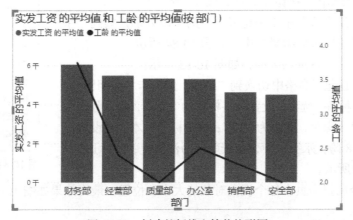

图 10-81　创建的折线和簇状柱形图

（3）在"可视化"窗格中切换到"格式"选项卡，修改图例的文本颜色为黑色，文本大小为 12 磅；设置 X 轴的文本颜色为黑色，文本大小为 12 磅，不显示轴标题；关闭 Y 轴；展开"数据标签"选项，设置标签文本的颜色、文本大小，显示标签背景，如图 10-82 所示；修改标题文本，并设置标题文本大小为 18 磅，水平居中，背景颜色为浅绿色；显示边框。结果如图 10-83 所示。

图 10-82　设置数据标签

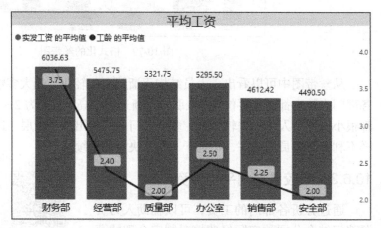

图 10-83　格式化的折线和簇状柱形图

从图 10-83 中可以看到，财务部的平均工资最高，员工的平均工龄也最高，达到了 3.75 年；安全部平均工资最低，平均工龄也最低。

10.6.4　制作工资结构图表

本小节利用环形图分析员工的工资结构。

（1）取消选中任一视觉对象，单击"可视化"窗格中的"环形图"按钮◎，然后展开"字段"窗格，将"工资表"中工资组成部分的字段分别拖放到"字段"选项卡的"值"字段编辑框中，如图 10-84 所示。

（2）调整生成的环形图大小，如图 10-85 所示。

（3）在"可视化"窗格中切换到"格式"选项卡，关闭图例；展开"详细信息标签"选项，设置标签样式为"类别，总百分比"，标签文本的颜色为黑色，大小为 12 磅；修改标题文本，并设置标题文本大小为 18 磅，水平居中，背景颜色为浅绿色；显示边框。结果如图 10-86 所示。

（4）调整当前报表页中各个视觉对象的大小和位置，最终效果如图 10-87 所示。

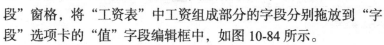

制作工资结构图表

图 10-84　设置字段位置

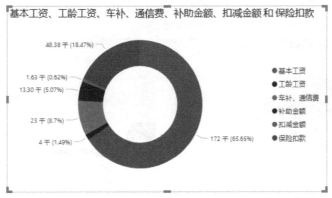

图 10-85 创建的环形图

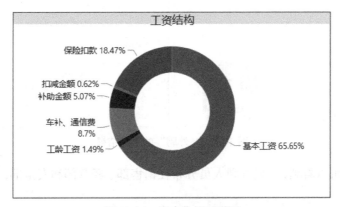

图 10-86 格式化的环形图

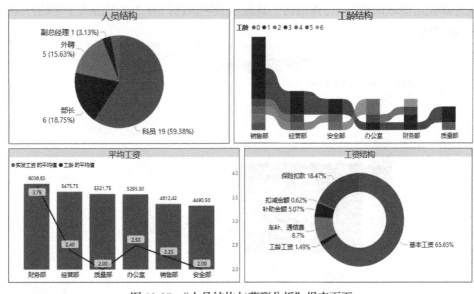

图 10-87 "人员结构与薪酬分析"报表页面

10.6.5 分析报表数据

本小节利用视觉对象的交互功能和筛选器分析报表数据。

（1）在饼图中单击"外聘"扇区，该扇区突出显示，其他扇区半透明显示，当前报表页中的其他视觉对象也突出显示相关的数据系列，如

分析报表数据

图 10-88 所示。

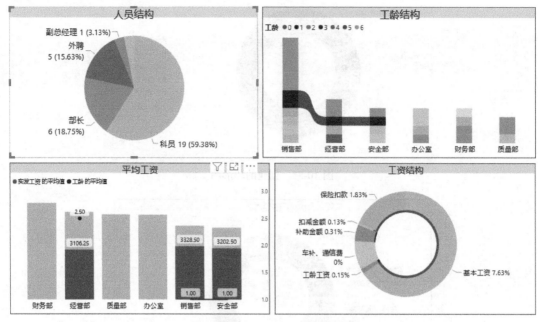

图 10-88 "外聘"的筛选结果

从丝带图中可以看到，5 名外聘人员分布在销售部、经营部和安全部，工龄有 1 年和 4 年两种。

（2）将鼠标指针移到突出显示的柱形上，利用工具提示可以查看具体的人数。例如，移到销售部突出显示的柱形上，弹出的工具提示表明该部门有 2 名工龄为 1 年的外聘员工，如图 10-89 所示。

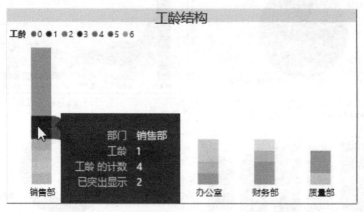

图 10-89 工具提示

用同样的方法可以得知经营部有工龄 1 年和工龄 4 年的外聘各一名；安全部有工龄 1 年的外聘 1 名。

在折线和簇状柱形图中可以看到各部门外聘人员的平均工资和平均工龄。

（3）再次单击饼图中的"外聘"扇区取消突出显示。单击折线和簇状柱形图中的"质量部"，在饼图中结合工具提示可以查看该部门的人员组成；在丝带图中可以查看工龄结构；在折线和簇状柱形图中可以查看该部门的平均工资和平均工龄，如图 10-90 所示。

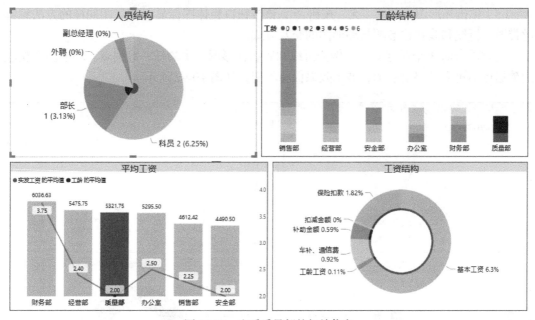

图 10-90 查看质量部的相关信息

在视觉对象中筛选数据时可以发现，最后的工资结构图随之变化展现的数据没有什么意义。因此，可以修改环形图的交互方式，不受其他视觉对象的影响。

（4）选择饼图，在功能区的"格式"选项卡单击"编辑交互"按钮，此时可以看到，当前报表页上的所有其他视觉对象顶部（或底部）显示"筛选器"、"突出显示"和"无"等交互按钮图标，如图 10-91 所示。

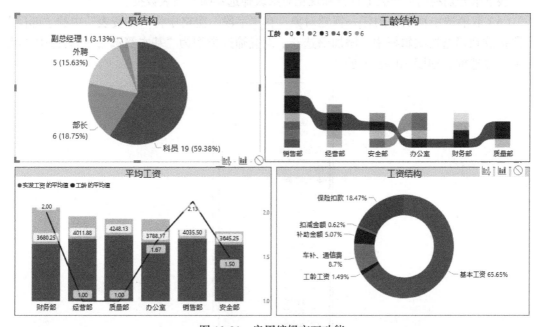

图 10-91 启用编辑交互功能

提示：由于当前报表页中的视觉对象排列比较紧凑，第一行和第二行的交互图标可能会重叠。这种情况下，可以先调整视觉对象的高度，便于编辑交互。编辑完成后，再恢复视觉对象的高度。

（5）单击环形图顶部的"无"按钮 ⊘，该按钮以粗体图标显示 ◉。用同样的方法编辑丝带图、折线和簇状柱形图与环形图的交互方式。

此时单击前 3 个视觉对象（例如折线和簇状柱形图）中的任一数据点，环形图中相应的数据点不再交叉突出显示，展示效果保持不变，如图 10-92 所示。

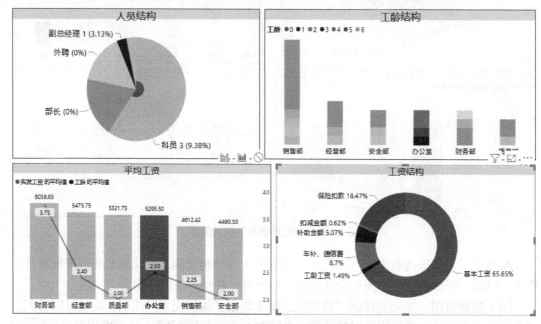

图 10-92　编辑交互方式后的效果

接下来分别利用页面级筛选器和视觉对象级筛选器筛选报表数据。

（6）取消选中页面上的任一视觉对象。在"字段"窗格中将"工资表"中的"部门"字段拖放到筛选器编辑框中，添加筛选器。设置筛选类型为"基本筛选"，然后选中"经营部"复选框，如图 10-93 所示。

图 10-93　设置筛选器

此时可以看到，除环形图以外，其他 3 个视觉对象都应用筛选器筛选了数据，仅显示"经营部"的相关信息，如图 10-94 所示。

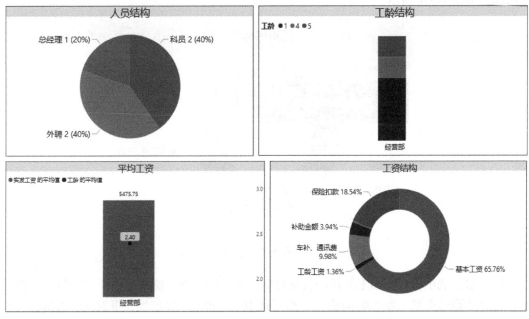

图 10-94 筛选"经营部"的结果

（7）取消页面级筛选器的筛选。选中环形图，在"字段"窗格中将"工资表"中的字段"职工姓名"拖放到筛选器字段编辑框中，设置筛选类型为"基本筛选"，然后选中要筛选的职工姓名"苏羽"，如图 10-95 所示。

图 10-95 设置筛选器

此时的环形图显示的是指定员工的工资结构。

（8）将鼠标指针移到环形图的一个数据点上，利用弹出的工具提示可以查看指定数据点的值，如图 10-96 所示。

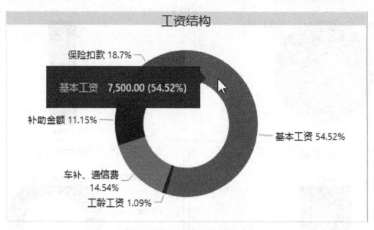

图 10-96　查看指定员工的工资结构

（9）取消选中报表页面上的任一视觉对象，在"筛选器"窗格中展开"部门"筛选器卡，设置"筛选类型"为"基本筛选"，然后选中"销售部"复选框，报表页中的饼图、丝带图和组合图随之变化，仅显示"销售部"的相关信息。环形图仍然显示第（8）步指定员工的工资结构（该员工属于销售部），如图 10-97 所示。

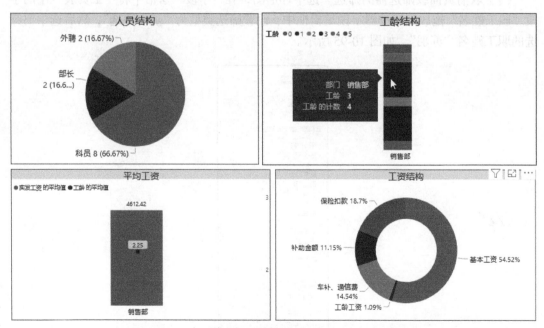

图 10-97　使用页面级筛选器筛选"销售部"相关信息

如果在页面筛选器"部门"筛选器卡中选中"销售部"以外的选项（例如"经营部"），饼图、丝带图和组合图均自动筛选，显示指定部门相应的数据，但"工资结构"环形图则显示为空白，如图 10-98 所示。

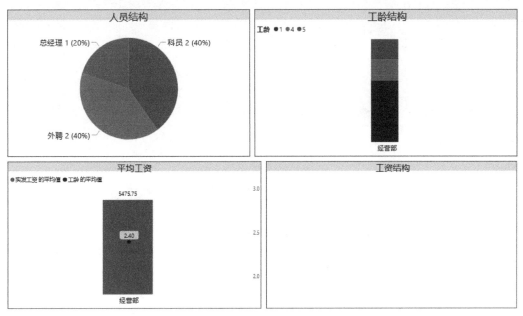

图 10-98　筛选结果

10.7　本章小结

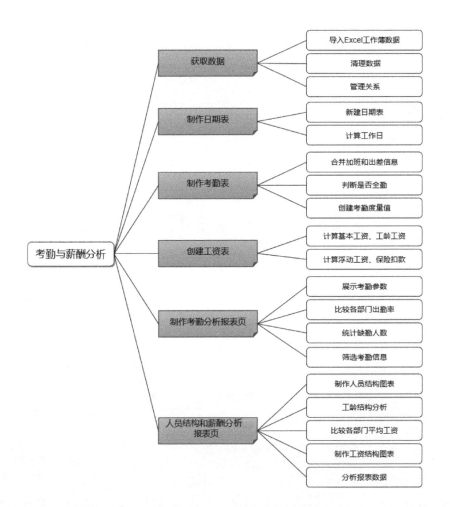